Federación
Española de
Sociedades de
Profesores de
Matemáticas

Vicente Meavilla Seguí

Matemáticas en familia

NOTAS HISTÓRICAS SOBRE ALGUNAS CÉLEBRES SAGAS CIENTÍFICAS

colección
MIRADAS MATEMÁTICAS

DISEÑO DE CUBIERTA: LACASTA DESIGN

MATEMÁTICAS EN FAMILIA.
NOTAS HISTÓRICAS SOBRE ALGUNAS CÉLEBRES SAGAS
CIENTÍFICAS

ISBN: 978-84-1067-469-1
DEPÓSITO LEGAL: M-25.669-2025
THEMA: PDZ/PBX

Índice

A Paqui,
Javi, Silvia,
Maica, Max,
Iria, Leo y Diego

Prólogo

A lo largo de la historia (aunque no sea muy frecuente) se encuentran familias en las que algunos de sus miembros se dedican con éxito a la misma disciplina científica.

En los ocho capítulos que componen este libro presentamos algunos ejemplos significativos (desde una óptica histórica) de núcleos familiares compuestos por matemáticos y matemáticas de primera fila.

El primero se dedica al matemático griego Teón de Alejandría (*ca.* 335-*ca.* 405) y a su hija Hipatia (370-415). El segundo se detendrá en una familia, los Cassini, en el que seguiremos las trayectorias de Giovanni Domenico Cassini (1625-1712), su hijo, su nieto y su bisnieto. El tercer capítulo está dedicado a la familia Bernoulli, con casi una docena de componentes que, en mayor o menor grado, se ocuparon de la disciplina. En el capítulo cuarto se ofrece información relativa a la pareja de matemáticos ingleses William Henry Young (1863-1942) y Grace Chisholm Young (1868-1944), a dos de sus seis hijos y a una nieta. El quinto capítulo se ocupa del matemático norteamericano Derrick Norman Lehmer (1868-1938), especialista en teoría de números, de su hijo Derrick Henry y su nuera, Emma Markovna. El capítulo sexto se adentra en la "saga" Cartan, compuesta por el matemático francés Élie Joseph Cartan (1869-1951), su hermana Anna y sus hijos

Henri y Hélène. El séptimo capítulo dedica su atención a Geoge David Birkhoff (1884-1944) y su hijo Garrett, matemáticos norteamericanos consagrados a la enseñanza y a la investigación matemática. Por último, en el capítulo octavo se presta atención al matrimonio formado por los matemáticos húngaros Esther Klein (1910-2005) y George Szekeres (1911-2005).

Deseamos que la lectura de este modesto libro contribuya a que las mentes inquietas, el profesorado y el alumnado de los distintos niveles educativos descubran aspectos de las matemáticas que, en general, permanecen ocultos en los textos dedicados a la enseñanza y la historia de dicha disciplina.

Vicente Meavilla Seguí

Capítulo 1

Teón e Hipatia: un padre y su hija en la Escuela de Alejandría

En la historia de la ciencia, el primer caso (que sepamos) de dos familiares dedicados al estudio y enseñanza de las matemáticas se dio en Alejandría (Egipto) durante los siglos IV-V de nuestra era. Se trata de Teón e Hipatia, padre e hija, profesores y matemáticos a los que dedicaremos este primer capítulo.

1. Teón de Alejandría

Figura 1

Teón de Alejandría

Teón de Alejandría (*ca.* 335-*ca.* 405), conocido como Teón el Joven, fue un matemático griego que enseñaba matemáticas y astronomía en su ciudad natal. Fue el padre de

Hipatia (370-415), la primera mujer matemática, y escribió comentarios a diversas obras de matemáticas griegas. Se sabe que, durante el año 364, observó un eclipse solar y otro lunar en Alejandría.

Teón fue el autor de una edición anotada de los *Elementos*, de Euclides (siglo III a. C.), que hasta el siglo XIX fue la más antigua de todas las conocidas y en la que se inspiraron muchas de las versiones escritas de este tratado de geometría en este periodo histórico. Es posible que Teón la compusiese con fines didácticos y la utilizase en sus clases.

Refiriéndose a esta vertiente pedagógica, Thomas Little Heath, erudito británico e historiador de las matemáticas griegas, se expresaba en los siguientes términos:

> [...] a la vez que [Teón] hacía adiciones insignificantes al contenido de los *Elementos*, se esforzó por eliminar las dificultades que podrían encontrar los estudiantes al estudiar el libro, como lo haría un editor moderno al editar un libro de texto clásico para su uso en las escuelas, y no hay duda de que su edición fue aprobada por sus alumnos en Alejandría para quienes fue escrita, así como por griegos posteriores que la usaron casi exclusivamente.

FIGURA 2

Euclides de Alejandría

Teón también escribió un comentario al *Almagesto*, de Ptolomeo de Alejandría (*ca.* siglos I-II), tratado sobre astronomía que fue traducido al francés por Nicolas Halma (1755-1828), matemático conocido como *l'abbé* Halma. En dicha obra, se ofrece una explicación del método griego para operar con fracciones sexagesimales y se ofrecen ejemplos de la multiplicación, división y extracción de las raíces cuadradas.

Figura 3

Ptolomeo de Alejandría

Fuente: Wikipedia.

Figura 4

Nicolas Halma

Fuente: Wikipedia.

Así pues, por ejemplo, en las páginas 117-118 de la traducción francesa, se calcula el cuadrado del número 37° 4' 55" $(= 37 + 4/60 + 55/60)^2$:

> Pongo este número una vez debajo de sí mismo, como está escrito aquí: primero, multiplico las 37 unidades por sí mismas, luego por los primeros y los segundos, luego los 4 primeros por los 37°, luego por sí mismos y nuevamente por los segundos; finalmente, multiplico los segundos por las unidades, que son los grados, por los primeros y por ellos mismos, tendremos así de una manera más fácil el producto de la multiplicación.

Figura 5

37°	4'	55"		
37	4	55		
1369	148	2035		
	148	16	220‴	
		2035	220	3025""
1375°	4'	14"	10‴	25""

Fuente: Bibliothèque nationale de France.

Ahora 37 unidades por sí mismas dan 1.369, por 4 primeros, 148 primeros, y por 55 segundos, 2.035 segundos. Además, 4 primeros multiplicados por 37 unidades dan 148 primeros; por ellos mismos, 16 segundos, y por 55 segundos, 220 terceros.

Finalmente, 55 segundos multiplicados por 37 unidades dan 2.035 segundos, o por 4 primeros, 220 terceros, y por sí mismos, 3.025 cuartos. Disponemos estos números como se muestra aquí, y así es como hacemos la suma: primero dividimos los 3.025 cuartos por 60 y encontramos 50 terceros más 25 cuartos. Entonces, sumando los terceros con los 50 que salen de la división de los cuartos, se obtienen 490 terceros, que dan 8 segundos y 10 terceros. Asimismo, los 4.094 tercios juntos suman 68 primeros y 14 segundos. Y los 364 primeros recogidos son 6 unidades y 4 primeros. En total: 1.375 unidades, 4 primeros, 14 segundos, 10 terceros y 25 cuartos. Es por esto que, en los cálculos siguientes, Ptolomeo solo suma hasta los segundos inclusive, y pone 1.375° 4' 14", despreciando los terceros y los cuartos. Así se multiplican todos los números, unos por otros, aunque sean diferentes entre sí (Halma, 1821).

Utilizando el lenguaje de las fracciones sexagesimales, la multiplicación precedente se puede calcular así:

$$\left(37+\frac{4}{60}+\frac{55}{60^2}\right)\left(37+\frac{4}{60}+\frac{55}{60^2}\right)=$$

$$=\left(1369+\frac{148}{60}+\frac{2035}{60^2}\right)\left(\frac{148}{60}+\frac{16}{60^2}+\frac{220}{60^3}\right)+$$

$$+\left(\frac{2035}{60^2}+\frac{220}{60^3}+\frac{3025}{60^4}\right)=$$

$$=1369+\frac{296}{60}+\frac{4086}{60^2}+\frac{440}{60^3}+\frac{3025}{60^4}=$$

$$=1369+\frac{296}{60}+\frac{4086}{60^2}+\frac{440}{60^3}+\left(\frac{3025}{60}\cdot\frac{1}{60^3}\right)=$$

$$=1369+\frac{296}{60}+\frac{4086}{60^2}+\frac{440}{60^3}+\left(50+\frac{25}{60}\right)\cdot\frac{1}{60^3}=$$

$$=1369+\frac{296}{60}+\frac{4086}{60^2}+\frac{440}{60^3}+\frac{50}{60^3}+\frac{25}{60^4}=$$

$$= 1369 + \frac{296}{60} + \frac{4086}{60^2} + \frac{490}{60^3} + \frac{25}{60^4} =$$

$$= 1369 + \frac{296}{60} + \frac{4086}{60^2} + \left(\frac{490}{60} \cdot \frac{1}{60^2}\right) + \frac{25}{60^4} =$$

$$= 1369 + \frac{296}{60} + \frac{4086}{60^2} + \left(8 + \frac{10}{60}\right) + \frac{1}{60^2} + \frac{25}{60^4} =$$

$$= 1369 + \frac{296}{60} + \frac{4086}{60^2} + \frac{8}{60^2} + \frac{10}{60^3} + \frac{25}{60^4} =$$

$$= 1369 + \frac{296}{60} + \frac{4094}{60^2} + \frac{10}{60^3} + \frac{25}{60^4} =$$

$$= 1369 + \frac{296}{60} + \left(\frac{4094}{60} \cdot \frac{1}{60}\right) + \frac{10}{60^3} + \frac{25}{60^4} =$$

$$= 1369 + \frac{296}{60} + \left(68 + \frac{14}{60}\right) + \frac{1}{60} + \frac{10}{60^3} + \frac{25}{60^4} =$$

$$= 1369 + \frac{296}{60} + \frac{68}{60} + \frac{14}{60^2} + \frac{10}{60^3} + \frac{25}{60^4} =$$

$$= 1369 + \frac{364}{60} + \frac{14}{60^2} + \frac{10}{60^3} + \frac{25}{60^4} =$$

$$= 1369 + \left(6 + \frac{4}{60}\right) + \frac{14}{60^2} + \frac{10}{60^3} + \frac{25}{60^4} =$$

$$= 1375 + \frac{4}{60} + \frac{14}{60^2} + \frac{10}{60^3} + \frac{25}{60^4} =$$

2. Hipatia

Hipatia, hija de Teón, admirada por su belleza y modestia, nació en Alejandría sobre el año 370 y fue la primera mujer en formar parte de la lista de matemáticas famosas. También destacó en medicina y filosofía.

A los 30 años de edad se convirtió en la directora de la escuela neoplatónica de Alejandría y en dicha institución se dedicó a la enseñanza de las matemáticas y la filosofía. Al parecer, fue una profesora muy carismática. Siguiendo a Louis Figuier (1866), las lecciones de Hipatia empezaban por la enseñanza de las matemáticas; acto seguido, pasaba a las aplicaciones de las matemáticas y a las diferentes ciencias que configuraban la filosofía antigua.

Figura 6

La escuela de Atenas (1510-1511) (detalle). Hipatia entre Parménides (derecha) y Pitágoras (izquierda), de Rafael Sanzio, Museos Vaticanos

En el célebre cuadro *La escuela de Atenas*, Rafael Sanzio representó a Hipatia con el rostro de su amante Margherita Luti (la Fornarina).
Fuente: Wikimedia Commons.

Escribió una obra titulada *Canon astronómico*, donde plasmó los valores matemáticos de los fenómenos celestes descritos por Ptolomeo, y colaboró con su padre en la redacción de algunos comentarios sobre el *Almagesto* y en una versión de los *Elementos* de Euclides.

Figura 7

Retrato de Hipatia (1908), de Jules Maurice Gaspard

Fuente: Wikipedia.

También escribió comentarios sobre la *Aritmética* de Diofanto (*ca.* 200-*ca.* 284), las *Cónicas* de Apolonio (*ca.* 262 a. C. -*ca.* 190 a. C.) y los trabajos astronómicos de Ptolomeo. Desgraciadamente, todas sus obras se han perdido.

FIGURA 8

Diofanto

Fuente: Wikipedia.

FIGURA 9

Apolonio

Fuente: Wikipedia.

Hipatia fue una excelente compiladora, editora y conservadora de textos matemáticos antiguos. De su correspondencia con el filósofo cristiano Sinesio de Cirene (*ca.* 370-413) se desprende que mejoró el diseño de los primitivos astrolabios[1].

FIGURA 10

Sinesio de Cirene

Fuente: Wikipedia.

FIGURA 11

Astrolabio

Fuente: Wikipedia.

1. El astrolabio es un antiguo instrumento astronómico para determinar la posición y altura de las estrellas en el cielo.

Siendo un fiel exponente de la "cultura pagana", Hipatia se ganó la enemistad de la comunidad cristiana de Alejandría, algunos de cuyos miembros la asesinaron en plena calle en el mes de marzo de 415.

FIGURA 12
Vies des savants de l'Antiquité (1866).
Muerte de la filósofa Hipatia en Alejandría

Louis Figuier describe este episodio detestable en los siguientes términos:

> La multitud se amotinó contra la filósofa, se dirigió tumultuosamente hacia su casa y la esperó en la puerta, sabiendo que pronto debía volver del museo.
>
> Hipatia, en efecto, no tardó en aparecer montada en su carro. Uno se precipitó sobre ella, la obligó a descender y la arrastró hacia una iglesia.
>
> Allí, aquellos exaltados, después de despojarla de sus vestiduras, la lapidaron con trozos de tejas y jarrones rotos (Figuier, 1866).

Dado que Hipatia fue la primera mujer en formar parte de la nómina de matemáticas famosas, parece conveniente que los alumnos de educación secundaria accedan a los aspectos más significativos de su biografía. Esto se puede conseguir mediante actividades de enseñanza y aprendizaje diseñadas al efecto. Al mismo tiempo, se pueden proponer actividades en las que intervengan matemáticos relacionados con la hija de Teón de Alejandría. Por otro lado, se pueden plantear actividades interdisciplinares concernientes a la presencia de Hipatia en la pintura, escultura, literatura, teatro, cine, etc.

Figura 13
Grafiti científico

Figura 14
Hipatia (detalle)

Los días 12 y 13 de noviembre de 2009, una decena de estudiantes no universitarios dieron forma a un grafiti de contenido científico. Esta iniciativa había sido organizada por el Instituto de Ciencias Matemáticas (ICMAT), el Consejo Superior de Investigaciones Científicas (CSIC), la Universidad Autónoma de Madrid (UAM), la Universidad Carlos III de Madrid (UC3M), la Universidad Complutense de Madrid (UCM), el IES Ramiro de Maeztu, de Madrid, y el IES Beatriz Galindo, de Madrid.

El proyecto fue dirigido por el artista diGo.aRt y se materializó en las proximidades del IES Ramiro de Maeztu, la Residencia de Estudiantes y el campus del CSIC.

Además del retrato de Albert Einstein, el grafiti incluye un grupo de poliminós, la identidad de Leonhard Euler, las matemáticas de los paneles hexagonales, el sistema solar de Johannes Kepler, la palabra *mates*, y el retrato de Hipatia.

Actividad 1. Consulta en Google los datos biográficos de Hipatia de Alejandría. Basándote en ellos, redacta una breve biografía de dicha matemática y filósofa griega.

Actividad 2. Hipatia escribió comentarios y versiones sobre algunas obras de Euclides de Alejandría, Apolonio y Diofanto.

1. Busca en internet las biografías de dichos matemáticos griegos y redacta una breve biografía de cada uno de ellos.
2. Resuelve el siguiente problema relativo a la edad de Diofanto:

"Esta es la tumba que guarda las cenizas de Diofanto. Es verdaderamente maravillosa, porque, gracias a un artificio aritmético, descubre toda su existencia. Dios le permitió ser niño durante un sexto de su vida; luego de un doceavo, la barba pobló sus mejillas; después de un séptimo prendió en él la llama del matrimonio, del que tuvo un hijo a los cinco años; pero ese desgraciado niño, apasionadamente amado, murió apenas llegaba a la mitad de la existencia de su padre. Cuatro años más vivió Diofanto engañando su pena con investigaciones sobre la ciencia de los números" (adaptado de Metrodoro en *Anthologia Graeca, XIV*).

Capítulo 2

Una familia de astrónomos: los Cassini

Durante los siglos XVII y XVIII, el mundo científico europeo estuvo de enhorabuena por la aparición de una familia de astrónomos y cartógrafos integrada por Giovanni Domenico Cassini, su hijo, su nieto y su bisnieto.

Dado que en aquella época la astronomía formaba parte de las llamadas *matemáticas mixtas*, hemos incluido en este libro a la familia Cassini.

1. El miembro fundador

FIGURA 1

Giovanni Domenico Cassini

Fuente: Wikipedia.

Giovanni Domenico Cassini (Cassini I) nació el 8 de junio de 1625 en Perinaldo (Italia) y falleció el 14 de septiembre de 1712 en París. Se educó en el Colegio de los Jesuitas de Génova. A los 25 años (1650) fue nombrado profesor de matemáticas y astronomía en la Universidad de Bolonia, donde sucedió a Bonaventura Cavalieri (1598-1647).

FIGURA 2

Escultura de Cassini I en el Louvre

En 1652, Cassini I publicó un trabajo sobre un cometa; en él se advierte que el astrónomo italiano creía, por aquel entonces, en la teoría geocéntrica. En 1659 propuso un sistema centrado en la Tierra con la Luna y el Sol orbitando a su alrededor y los demás planetas girando alrededor del Sol. Más adelante, aceptó una versión del modelo de Nicolás Copérnico (1473-1543). Giovanni Domenico no admitió las órbitas elípticas de Kepler (1571-1630) ni la teoría de la gravitación universal de Isaac Newton (1642-1727).

Figura 3

Estatua de Cassini I en el Observatorio de París, de Jean-Guillaume Moitte (1746-1810)

Figura 4

Estatua de Cassini I en el Observatorio de París (detalle, óvalo de Cassini), de Jean-Guillaume Moitte (1746-1810)

En 1669 se trasladó a Francia y en 1673 adquirió la nacionalidad francesa. Por este motivo, también es conocido como Jean Dominique Cassini. El rey Luis XIV de Francia le nombró director del Observatorio de París en 1671. Jean Dominique permaneció en dicho cargo el resto de su vida.

Figura 5

Observatorio de París

Fuente: Wikipedia.

En dicha institución Cassini hizo diversos descubrimientos notables, como la observación de cuatro de los satélites de Saturno: Jápeto (1671), Rea (1672), Tetis y Dione (1684).

Figura 6

Jápeto Rea Tetis Dione

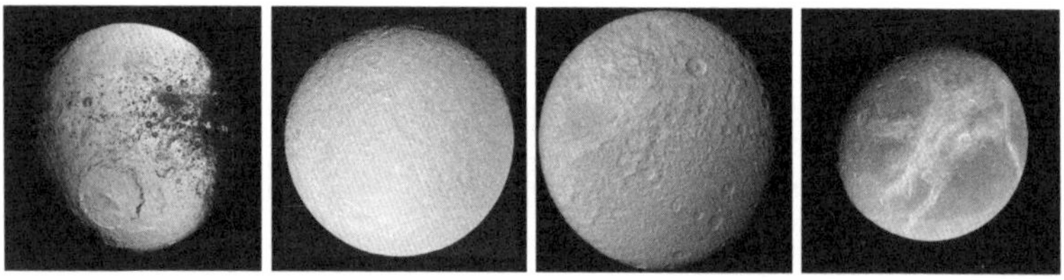

Fuente: Wikipedia.

En 1674 Jean Dominique se casó con Geneviève de Laistre, que aportó al matrimonio el Château de Thury, residencia veraniega de los Cassini para las generaciones venideras. De este matrimonio nació Jacques Cassini (Cassini II), quien en su obra *Éléments d'astronomie* (1740), ofrece la siguiente información relativa a las curvas que hoy en día se conocen como *cassínicas* u *óvalos de Cassini,* que se atribuyen a Giovanni Domenico. Veámosla.

Otra hipótesis sobre el movimiento aparente del Sol alrededor de la Tierra:

A partir de la observación exacta de la magnitud aparente de los diámetros del Sol, mi padre ha encontrado una curva, distinta de la elipse, que sirve para representar con mucha exactitud los verdaderos movimientos del Sol y sus diversas distancias a la Tierra.

Él supone que, estando la Tierra colocada en uno de los focos de esta curva, el Sol la recorre por su propio movimiento, de modo que trazando desde su centro dos líneas rectas a los dos focos de la curva, el rectángulo formado por estas dos líneas, siempre es equivalente[2] al formado por la mayor y la menor distancia del Sol a la Tierra.

FIGURA 7

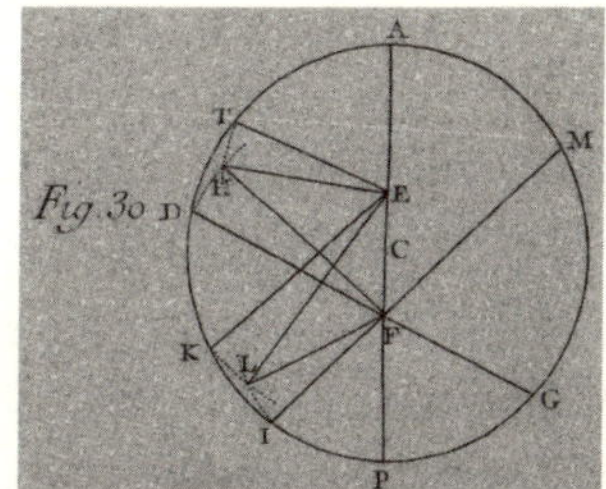

Fuente: *Éléments d'astronomie.*

Por ejemplo, sea AP (figura 30) [figura 7] una línea que representa el eje mayor de esta curva, C el punto medio de AP, F uno de los focos donde está la Tierra, E el otro foco a igual distancia del punto C, H y L dos posiciones distintas del Sol. Si desde los puntos H y L se trazan las líneas HE, HF y LE, LF, entonces el rectángulo de lados HE, HF y el rectángulo de lados LE, LF son equivalentes al rectángulo de lados AF y FP que miden la mayor y menor distancia del Sol a la Tierra.

Para determinar los puntos H y L, con centro en C y radio CA (= CP) se describe la circunferencia ADPG y se toma FD mayor que FP y menor que AF.

Para determinar los puntos H y L, que corresponden a las distancias dadas del Sol a la Tierra, se describirá desde el punto C, como centro, y

2. Dos figuras son *equivalentes* si tienen la misma área.

con radio CA o CP, el círculo ADPG, y tomando a discreción una longitud FD mayor que FP y menor que AF, describiremos desde el foco F como centro y con radio FD el arco de circunferencia DH, que cortará a la circunferencia ADPG en D. Prolongaremos DF hasta G, y desde el punto E, como centro, y radio ET igual a FG, describiremos un arco de circunferencia TH, que cortará al anterior DH en el punto H. Digo que el punto H representa uno de los puntos de la curva buscada donde se encuentra el Sol cuando su distancia a la Tierra es FD porque el rectángulo cuyos lados son FH, HE es equivalente al rectángulo cuyos lados son FD, FG, que, por construcción, son iguales a ellos. Pero el rectángulo de lados FD, FG es, por la propiedad del círculo[3], equivalente al rectángulo de lados AF, FP que miden la mayor y la menor distancia del Sol a la Tierra: por tanto, el rectángulo de lados FH, HE es igual al rectángulo formado por la mayor y la menor distancia a la Tierra. En consecuencia, el Sol está en el punto H.

Para determinar el punto L donde se encuentra el Sol en la curva buscada cuando su distancia a la Tierra se mide por FI, que es menor que su distancia media PC, trazaremos con centro F y radio FI el arco de circunferencia IL, y con centro en E y radio EK, igual a FM, el arco KL que cortará al punto anterior en el punto L buscado (Cassini, 1740).

EJEMPLO 1

Utilizando el lenguaje moderno, un *óvalo de Cassini* se puede definir del siguiente modo: lugar geométrico de los puntos del plano tales que los productos de sus distancias a dos puntos fijos F y F' (llamados *focos* y separados una distancia $2a$) es la constante b^2.

Sea $P(x, y)$ un punto cualquiera de un óvalo de Cassini, $F'(-a, 0)$ y $F(a, 0)$ sus focos, en esta situación, las distancias de P a F' y a F vienen dadas por:

$$d(P,F') = \sqrt{(x+a)^2 + y^2}$$
$$d(P,F) = \sqrt{(x-a)^2 + y^2}$$

3. Si dos rectas se cortan en el interior de un círculo, el rectángulo comprendido por los segmentos de una de las rectas es equivalente al comprendido por los segmentos de la otra.

Entonces, por la definición de la curva, se tiene que:

$$d(P',F)\cdot d(P,F)=b^2 \Rightarrow \sqrt{(x+a)^2+y^2}\cdot\sqrt{(x-a)^2+y^2}=b^2 \Rightarrow$$
$$\Rightarrow x^4+a^4-2a^2x^2+2x^2y^2+2a^2y^2+y^4=b^4 \Rightarrow$$
$$\Rightarrow x^4+y^4+2x^2y^2+2a^2(x^2-y^2)-a^4=b^4 \Rightarrow$$
$$\Rightarrow (x^2+y^2)^2=2a^2(x^2-y^2)-a^4+b^4$$

Resulta claro que si $a=b$, entonces la ecuación anterior se convierte en la *ecuación de la lemniscata* (véase el capítulo 3, "Los Bernoulli de toda la vida").

Figura 8

Lemniscata ($b=a$)

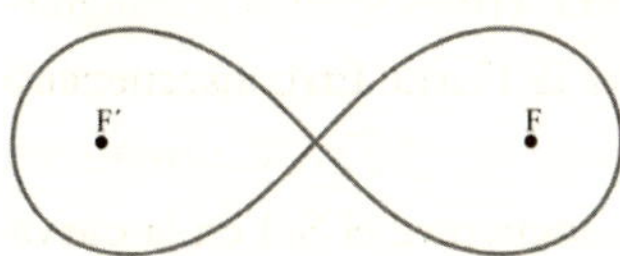

Fuente: Elaboración propia.

Si $b > a$, la gráfica de la curva tiene dos lazos disjuntos. Si $b < a$, la gráfica de la curva tiene un solo lazo.

Figura 9

Óvalo de Cassini ($b > a$)

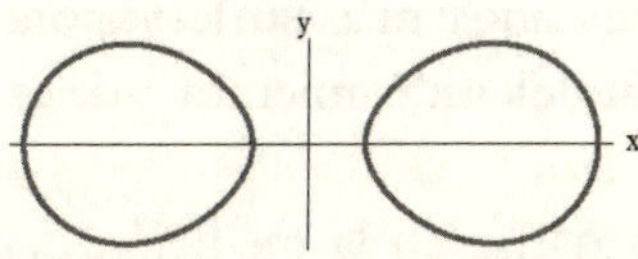

Fuente: Elaboración propia.

Figura 10

Óvalo de Cassini ($b < a$)

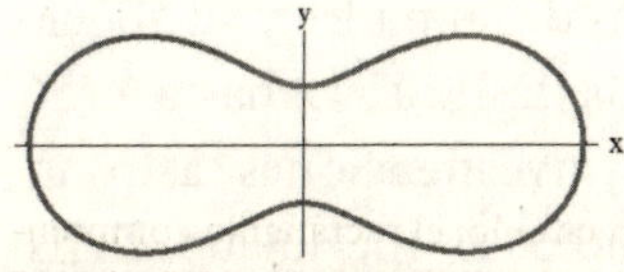

Fuente: Elaboración propia.

2. El hijo

Figura 11

Jacques Cassini

Fuente: Wikipedia.

Jacques Cassini (Cassini II), hijo de Giovanni Domenico Cassini, nació en París el 8 de febrero de 1677 y murió en Thury el 18 de abril de 1756.

Recibió su primera educación en el Observatorio de París, donde vivía su familia. Más adelante, estudió en el Collège Mazarin, donde Pierre Varignon (1654-1722), profesor de matemáticas, dirigió su tesis doctoral sobre óptica cuando Cassini contaba con tan solo 14 años. En 1694 fue admitido en la Academia de Ciencias de París.

En 1695 viajó con su padre a Italia, donde hicieron diversas observaciones geodésicas. Tres años más tarde viajó a Flandes e Inglaterra. En este país fue elegido miembro de la Royal Society de Londres.

En 1700, Cassini II ayudó a su padre en la medición del meridiano París-Perpiñán. A partir de los resultados obtenidos, dedujeron erróneamente que la Tierra era alargada en los polos.

En 1710 se casó con Suzanne Françoise Charpentier con la que tuvo tres hijos y dos hijas. El hijo mediano, Cesar François (Cassini III), siguió los pasos de su padre y su abuelo. Fue director del Observatorio de París desde 1712 hasta 1756.

Jacques Cassini prosiguió sus investigaciones astronómicas y topográficas; en 1718, midió el meridiano París-Dunkerque. Los resultados de estas mediciones, que apoyaban el alargamiento de la Tierra en los polos, se publicaron en el *Traité de la grandeur et de la figure de la Terre* (1720).

En la página 290 de la edición de 1723 que hemos consultado se lee:

> [...] se tendrá la distancia entre los paralelos de los lugares en donde hemos observado en París y en Dunkerque de 125.454 toesas[4].
>
> Dividiendo estas 125.454 toesas por 2° 12' 9" 30"', arco del meridiano interceptado entre los lugares de nuestras observaciones, tal como resulta de la observación de la estrella γ de la cabeza de Dragón, que es la más exacta, se tendrá la magnitud del grado de un meridiano, comprendido entre las paralelas de París y Dunkerque de 56.960 toesas (Cassini, 1723).

En 1740, además de sus *Éléments d'astronomie*, publicó las *Tables astronomiques du Soleil, de la Lune, des planètes, des étoiles fixes et des satellites de Jupiter et de Saturne*.

A partir de este año, la actividad científica de Cassini II fue decreciendo, aunque nunca cambió de opinión respecto a la forma de nuestro planeta.

3. El nieto

Cesar François Cassini de Thury (Cassini III), hijo de Cassini II y nieto de Cassini I, nació en Thury el 17 de junio de 1714 y falleció en París, a causa de la viruela, el 4 de septiembre de 1784.

Desde muy joven colaboró con su padre en diversas mediciones sirviéndose de la triangulación geodésica[5].

En 1744 publicó las conclusiones de sus observaciones en *La méridienne de l'Observatoire Royal de Paris vérifiée dans toute l'étendue du Royaume par de nouvelles observations*.

---

4. Antigua medida francesa de longitud, equivalente a 1,946 m.
5. Este principio básico de la topografía se basa en la construcción de un sistema de triángulos cada uno de los cuales se apoya en un lado del anterior. Entonces, la medición precisa de la longitud de un lado del primer triángulo y la amplitud de sus dos ángulos contiguos permite, mediante cálculos trigonométricos elementales, determinar las longitudes de los lados de todos los triángulos.

Figura 12

Cesar François Cassini de Thury

Fuente: Wikipedia.

El mismo año se editó la "Nouvelle carte qui comprend les principaux triangles qui servent de fondement à la description géométrique de la France. Levée par ordre du Roy. Par Messrs Maraldi & Cassini de Thury", de l'Académie des Sciences, uno de los primeros mapas fiables de Francia, obra de Cassini III y Jean Dominique Maraldi.

Figura 13

Jean Dominique Maraldi (Maraldi II)

Fuente: Wikipedia.

Astrónomo italiano, nacido en Perinaldo el 17 de abril de 1709. Murió en la misma localidad el 14 de noviembre de 1788. Fue sobrino del astrónomo y matemático Giacomo Filippo Maraldi[6] (Maraldi I) (1665-1729), que a su vez fue sobrino de Cassini I.

6. Giacomo Filippo Maraldi midió experimentalmente los ángulos de los tres rombos que forman parte de cada una de las celdas de un panal de miel. Encontró que la amplitud de los ángulos obtusos era siempre de 109° 28' y la de los agudos era siempre de 70° 32'.

En 1747 se casó con Charlote Drouin con la que tuvo un hijo, Jean Dominique, y una hija.

Cassini III fue miembro extranjero de la Royal Society y de la Academia de Berlín. En 1771, el rey lo nombró director del Observatorio de París[7].

Sus trabajos cartográficos se publicaron en dos volúmenes: *Description géometrique de la Terre* (1775) y *Description géometrique de la France* (1784). Este último fue completado por su hijo.

Refiriéndose a Cassini III, René Taton se expresa en los siguientes términos: "Si bien era un buen geodesta y un cartógrafo con talento, Cassini III solo fue un astrónomo de segunda categoría. El nombre de este tercer representante de la dinastía Cassini en el Observatorio de París permanecerá asociado con el primer mapa de Francia hecho de acuerdo con los principios modernos" (citado en Gillispie, 1970-1990).

4. El bisnieto

Figura 14

Jean Dominique Cassini

Fuente: Wikipedia.

Jean Dominique Cassini (Cassini IV) nació en el Observatorio de París el 30 de junio de 1748 y murió en Thury el 18 de octubre de 1845.

7. Este cargo, creado por primera vez, era de carácter vitalicio y hereditario.

Realizó sus primeros estudios en el Observatorio y después en el Collège du Plessis y en el Collège Oratorien dedicado a la formación de futuros sacerdotes. Cassini IV decidió no seguir la carrera sacerdotal y se dedicó a estudiar física, matemáticas y astronomía. El 23 de julio de 1770 fue elegido miembro de la Academia de las Ciencias de Francia.

En 1773 Jean Dominique se casó con Claude-Marie-Louise de la Myre-Mory. Tuvieron cinco hijos, ninguno de los cuales se dedicó a la astronomía. Un año más tarde, a la muerte de su padre, asumió la dirección del Observatorio de París.

En 1787 participó en un proyecto conjunto con científicos ingleses para calcular la distancia entre los observatorios de Greenwich y de París. El Gobierno francés nombró comisionado a Cassini junto con Adrie Marie Legendre (1752-1833) y Pierre Méchain (1744-1804) para triangular el lado francés. Para ello usaron el círculo de reflexión de Borda.

FIGURA 15

Jean-Charles de Borda

Fuente: Wikipedia.

(1733-1799) fue un matemático, físico, astrónomo y marino francés. Miembro del comité fundador del Bureau des Longitudes (1795), inventó el péndulo que lleva su nombre y perfeccionó el círculo de reflexión de Tobías Mayer (1723-1762).

Figura 16

Círculo de reflexión de Borda

Fuente: Wikipedia.

En 1791 murió su esposa y se quedó solo, con cinco hijos pequeños, en plena Revolución francesa. A partir de entonces, la vida de Cassini IV fue de mal en peor.

En 1793 se vio obligado a abandonar la dirección del Observatorio y en 1794 fue encarcelado por la Asamblea Nacional. Una vez puesto en libertad, renunció a cualquier actividad científica y se refugió en las posesiones familiares de Thury.

Terminada la Revolución francesa (1799), volvió a París y se dedicó a escribir textos en los que reivindicaba el prestigio científico de su familia. Con este propósito, en 1810 publicó *Mémoires pour servir à l'histoire des sciences et à celle de l'Observatoire Royal de Paris*.

Actividad 1. Esta actividad se recomienda para alumnos de bachillerato. Está relacionada con Giovanni Domenico Cassini y concierne a la geometría analítica, en concreto, a las curvas cassínicas u óvalos de Cassini que ya vimos definidas en el apartado 1 del presente capítulo.

Teniendo en cuenta esta definición:

1. Busca en internet los datos biográficos más significativos de Giovanni Domenico Cassini.
2. Apoyándote en su definición, halla la ecuación de una cassínica.

Capítulo 3

Los Bernoulli de toda la vida

Entre las familias de científicos, algunos de cuyos miembros se dedicaron a las matemáticas, merece especial atención la familia Bernoulli, con casi una docena de componentes que, en mayor o menor grado, se ocuparon de dicha disciplina.

A lo largo de las líneas que siguen ofreceremos las microbiografías de sus representantes más significativos, acompañadas de algunos tópicos matemáticos a los que prestaron atención.

1. Los fundadores de la familia: los hermanos Jacques y Jean

1.1. Jacques, el hermano mayor

FIGURA 1

Jacques I Bernoulli

Fuente: Divulgamat.

Jacques I fue el mayor de los dos hermanos pertenecientes a la famosa familia Bernoulli de matemáticos. Hijo de Nicolaus Bernoulli (1623-1708), nació en Basilea (Suiza) el 27 de diciembre de 1654 y murió en la misma ciudad el 16 de agosto de 1705[8].

En primera instancia estudió teología, pero sus preferencias pronto se decantaron hacia la astronomía, la física y las matemáticas. Viajó por diversos países europeos (Francia, Holanda, Bélgica e Inglaterra) y en 1687, cinco años después de su regreso a Suiza, fue nombrado profesor de la Universidad de Basilea.

En mayo de 1692 publicó el trabajo "Lineae cycloidales, Evolutae, Anti-Evolutae, Causticae, Anti-Causticae, Peri-Causticae. Earum usus & simplex relatio ad se invicem. Spira mirabilis. Aliaque", en las *Acta Eruditorum* (1697: 207-213). En él, debido a las propiedades peculiares de la *spira mirabilis* (espiral logarítmica)[9], Jacob ofrecía distintas interpretaciones de dicha curva.

Figura 2

Espiral logarítmica

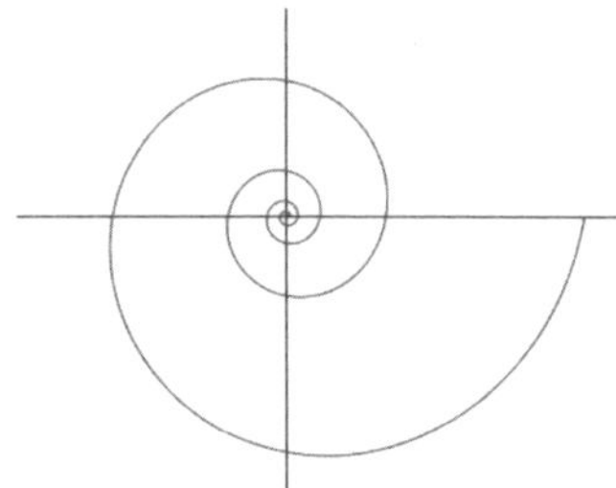

Fuente: Wikimedia Commons.

Así, la "espiral maravillosa", que siempre genera una espiral semejante a sí misma independientemente de que se enrolle, desenrolle o gire, podía representar a los hijos en todo semejantes a los padres. También podía interpretarse como la imagen de la fortaleza y firmeza en la adversidad o como símbolo de la resurrección (Bernoulli, 1697).

8. Las fechas de nacimiento y defunción que ofrecemos en este capítulo las hemos tomado de Smith (1958).
9. En la espiral logarítmica las distancias entre las espiras crecen a medida que nos alejamos del origen.

Al final del ensayo, Bernoulli manifestaba el siguiente deseo: "[...] si en nuestros días se mantuviese la costumbre de imitar a Arquímedes, de buena gana mandaría que se grabase en mi tumba esta espiral con la inscripción: 'Resurge siendo la misma, aunque cambie su aspecto'"[10] (Bernoulli, 1697).

Figura 3

Espiral de Arquímedes en la tumba de Jacques I (catedral de Basilea)

El deseo de Jacques I se satisfizo a medias dado que, en su tumba, en lugar de una espiral logarítmica, se grabó una espiral de Arquímedes con el lema: "Eadem mutata resurgo" ("Renazco transformada").

Figura 4

Epitafio en la tumba de Jacques I en la catedral de Basilea

10. "[...] ut si Archimedem imitandi hodienum consuetudo obtineret, libenter Spiram hanc tumulo meo juberem incidi cum Epigraphe: 'Eadem numero mutata resurget'".

Apreciado por los suyos, Jacques I, matemático incomparable, profesor de la Universidad de Basilea durante más de 18 años, miembro de las Academias Reales de París y Berlín, famoso por sus escritos, con una enfermedad crónica y con su sano juicio hasta el final, falleció el 16 de agosto de 1705 a la edad de 50 años y siete meses, en espera de la resurrección. Judith Stupanus, su esposa durante 20 años, y sus dos hijos erigieron un epitafio en su tumba en memoria de un esposo y un padre, a quien, por desgracia, iban a extrañar mucho.

En el número de septiembre de las *Acta Eruditorum* (1697), Jaques I publicó un artículo[11] en el que se refería a cierta curva en los siguientes términos: "[...] curva de cuatro dimensiones [de cuarto grado] cuya ecuación se expresa así $x^2 + y^2 = a\sqrt{x^2 - y^2}$ y que tiene la forma de un ocho acostado ∞, o del nudo de una cinta, o de un lemnisco, o de un *nœud de ruban*".

Por este motivo, dicha curva se conoce como *lemniscata de Bernoulli* y, utilizando el lenguaje de los lugares geométricos, se puede definir así: lugar geométrico de los puntos del plano tales que los productos de sus distancias a dos puntos fijos *F* y *F'* (llamados *focos* y separados una distancia $2a$) es la constante a^2.

FIGURA 5

Lemniscata de Bernoulli

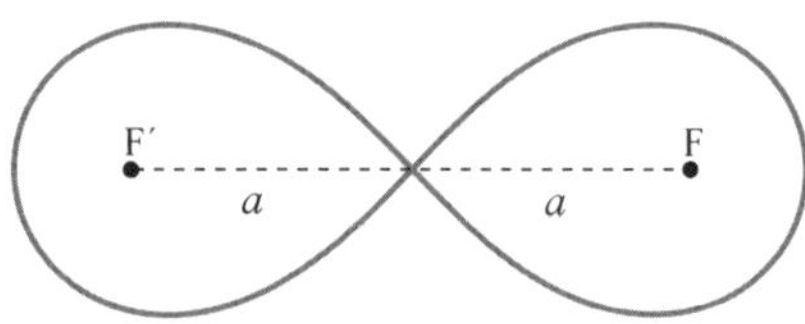

Fuente: Elaboración propia.

Como en tantas ocasiones, el apellido asignado a un objeto matemático no suele corresponder al del padre de la criatura. Así, en el caso que nos ocupa, y considerando que la lemniscata

11. "Constructio curvae accessus et recessus aequabilis, ope rectificationis curvae cujusdam Algebraicae, addenda nuperae Solutioni mensis Junii".

es un caso particular de las mencionadas curvas u óvalos de Cassini, se puede asegurar que su descubrimiento pertenece a este último.

En su obra póstuma *Ars conjectandi* (1713), Jacques I obtuvo la fórmula general:

$$\begin{gathered}1^c+2^c+3^c+\ldots+n^c= \\ =\frac{1}{c+1}n^{c+1}+\frac{1}{2}n^c+\frac{c}{2}An^{c-1}+\frac{c(c-1)(c-2)}{4!}Bn^{c-3}+ \\ +\frac{c(c-1)(c-2)(c-3)(c-4)}{6!}Cn^{c-5}+ \\ +\frac{c(c-1)(c-2)(c-3)(c-4)(c-5)(c-6)}{8!}Dn^{c-7}+\ldots\end{gathered}$$

En dicha expresión, los exponentes de n siguen decreciendo de dos en dos unidades hasta que se alcanza n o n^2.

Los números A, B, C, D, etc., se llaman *números de Bernoulli*.

En palabras de Jacques I:

> Las letras mayúsculas A, B, C, D denotan, en este orden, los coeficientes de los últimos términos de las expresiones
>
> $$\int n^2, \int n^4, \int n^6, \int n^8$$
>
> A saber, A es igual a 1/6, B es igual a –1/30, C es igual a 1/42, D es igual a –1/30.

FIGURA 6

Sumas de potencias (*Ars conjectandi*)

$$\begin{array}{l}
\int n \infty \frac{1}{2}nn + \frac{1}{2}n. \\
\int nn \infty \frac{1}{3}n^3 + \frac{1}{2}nn + \frac{1}{6}n. \\
\int n^3 \infty \frac{1}{4}n^4 + \frac{1}{2}n^3 + \frac{1}{4}nn. \\
\int n^4 \infty \frac{1}{5}n^5 + \frac{1}{2}n^4 + \frac{1}{3}n^3 * - \frac{1}{30}n. \\
\int n^5 \infty \frac{1}{6}n^6 + \frac{1}{2}n^5 + \frac{5}{12}n^4 * - \frac{1}{12}nn. \\
\int n^6 \infty \frac{1}{7}n^7 + \frac{1}{2}n^6 + \frac{1}{2}n^5 * - \frac{1}{6}n^3 * + \frac{1}{42}n. \\
\int n^7 \infty \frac{1}{8}n^8 + \frac{1}{2}n^7 + \frac{7}{12}n^6 * - \frac{7}{24}n^4 * + \frac{1}{12}nn. \\
\int n^8 \infty \frac{1}{9}n^9 + \frac{1}{2}n^8 + \frac{2}{3}n^7 * - \frac{7}{15}n^5 * + \frac{2}{9}n^3 * - \frac{1}{30}n. \\
\int n^9 \infty \frac{1}{10}n^{10} + \frac{1}{2}n^9 + \frac{3}{4}n^8 * - \frac{7}{10}n^6 * + \frac{1}{2}n^4 * - \frac{1}{12}nn. \\
\int n^{10} \infty \frac{1}{11}n^{11} + \frac{1}{2}n^{10} + \frac{5}{6}n^9 * - 1\,n^7 * + 1\,n^5 * - \frac{1}{2}n^3 * + \frac{5}{66}n.
\end{array}$$

Fuente: *Ars conjectandi*.

El símbolo $\int n^5$, por ejemplo, equivale a $1^5+2^5+\ldots+n^5$.

1.2. Jean, el hermano menor

FIGURA 7

Jean I Bernoulli

Jean I, hermano menor de Jacques I, nació en Basilea el 27 de julio de 1667 y murió en la misma ciudad el 1 de enero de 1748.

Estudió medicina, y en 1690 defendió su tesis doctoral *De effervescentia et fermentatione*. Cinco años más tarde se convirtió en profesor de matemáticas de la Universidad de Groninga y, a la muerte de su hermano, ocupó la plaza que dejó vacante en la Universidad de Basilea.

FIGURA 8

Guillaume François Antoine, marqués de l'Hôpital

Fuente: Wikipedia.

El 17 de marzo de 1694, el marqués de l'Hôpital (1661-1704) remitió una carta a Jean I en la que el francés ofrecía al suizo una especie de "contrato de compra de los derechos de autor" en los siguientes términos:

> Con placer le daré una pensión de 300 libras, que empieza desde el primero de enero del presente año, y le mandaré 200 libras para la primera parte del año por las revistas que usted ha mandado, y le daré otras 150 libras por la otra parte del año y así en el futuro. Le prometo incrementar esta pensión pronto, pues reconozco que es moderada, y lo haré tan pronto como mis negocios sean menos confusos [...]. Yo no soy tan irrazonable como para pretender de usted todo su tiempo, pero sí pretendo que de él me dé ocasionalmente algunas horas para trabajar en lo que le pregunte, y también para que me comunique sus descubrimientos, con la condición de no nombrarlos a otros. También le digo que no envíe ni a Varignon[12] ni a otros copias de estas notas, pues no me agradaría que sean publicadas. Envíeme su respuesta a todo esto y créame.

Esta misiva pone en duda, como poco, la originalidad de los escritos matemáticos del marqués.

Se desconoce la respuesta de Bernoulli, pero en una carta de 1695 dirigida a l'Hôpital, se expresaba en los siguientes términos: "Solo tiene que hacerme saber sus deseos definitivos, si no voy a publicar nada más en mi vida, porque los seguiré con precisión y no se verá nada más por mí"[13] (MacTutor History of Mathematics Archive).

En otra carta, fechada el 22 de julio de 1694 y dirigida al marqués, Jean I propuso el primer enunciado y la primera demostración de la *regla de l'Hôpital*. Con ello, se adelantó dos años a la que publicó el francés en su *Analyse des infiniment petits* (1696):

12. Pierre Varignon (1654-1722).
13. En este párrafo, parece que Bernouilli aceptó las condiciones de l'Hôpital.

Problema: Dada una curva cuya naturaleza se expresa mediante una fracción igual a y, que en algunos casos tiene el numerador y el denominador iguales a cero, nos preguntamos por su valor, es decir, por la magnitud de y.

FIGURA 9

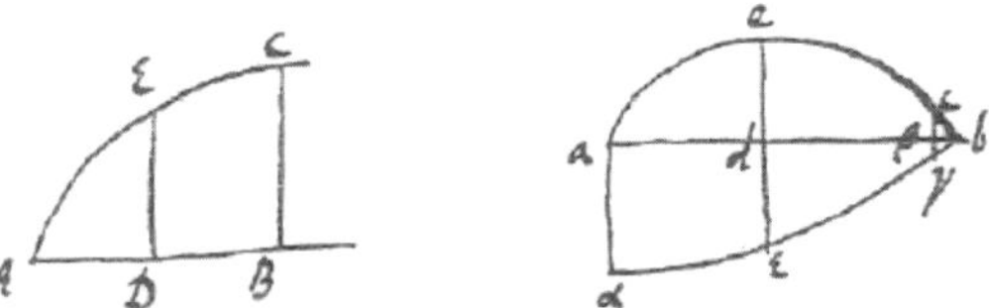

Fuente: MacTutor History of Mathematics Archive, University of St Andrews.

Solución: Sea AEC la curva dada, $AD = x$, $DE = y$, $AB = a$ una constante tal que BC se hace igual a una fracción cuyo numerador y denominador son iguales a cero. Para encontrar el valor de la ordenada BC, se construyen sobre el mismo eje adb dos curvas más aeb y $\alpha\varepsilon b$ de tal naturaleza que, tomando las abscisas iguales a AD, ad, las ordenadas de estén en razón del numerador de la fracción general que expresan las ordenadas DE; y $d\varepsilon$ esté en razón del denominador de la misma fracción. Hecho esto resulta claro que de dividido por $d\varepsilon$ se puede suponer igual a DE. El problema se reduce entonces a encontrar el valor de de dividido por $d\varepsilon$ cuando ab es igual a AB. Luego veo que, en este caso, de y $d\varepsilon$ se anulan dado que los dos términos de la fracción se anulan, y así las dos curvas aeb y $\alpha\varepsilon b$ se cortan en el punto b. Entonces, deben tomarse las ultimas diferenciales βc, $\beta\gamma$, y la división de una por otra indicará la magnitud de BC buscada. Esto es lo que me facilita la regla general: para encontrar el valor de la ordenada de la curva dada en dicho caso, se debe dividir la diferencial del numerador de la fracción general por la diferencial del denominador, el cociente, después de haber hecho x igual a AB, será el valor de BC.

Como aplicación de la regla general, Bernoulli propuso los ejemplos siguientes:

1. Valor de la función

$$f(x)=\frac{\sqrt{2a^3x-x^4}-a\sqrt[3]{a^2x}}{a-\sqrt[4]{ax^3}}$$

para $x=a$; entonces

$$f(a)=\left(\frac{16}{9}\right)a$$

2. Valor de la función

$$g(x)=\frac{a\sqrt{ax}-x^2}{a-\sqrt{ax}}$$

para $x=a$, entonces, $g(a)=3a$.

Por otra parte, Jean I planteó el problema de la braquistócrona, como un desafío abierto a la comunidad matemática de su tiempo, en los siguientes términos:

Problema nuevo a cuya resolución se invita a los matemáticos.

Dados dos puntos A y B, en un plano vertical, determinar la trayectoria AMB de un móvil M para que, cayendo por su propia gravedad, descienda desde A hasta B en el menor tiempo (*Acta Eruditorum anno MDCXCVII publicata*, p. 269).

FIGURA 10

Problema de la braquistócrona

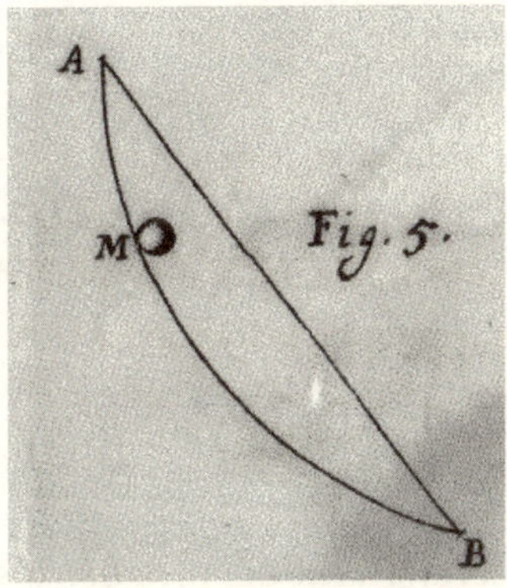

Fuente: National Curve Bank.

Figura 11

Epitafio de Jean I
en la Peterskirche (Basilea)

Fuente: Bernoulli-Euler-Zentrum, Universität Basel.

Consagrado al padre de la mente. Bajo esta piedra descansa un hombre entre las mentes más grandes que Basilea haya producido, el Arquímedes de su siglo, no inferior en conocimientos matemáticos a los de aquellas luminarias de Europa, Descartes, Newton y Leibniz:
JOHANNES BERNOULLI, doctor en Filosofía y Medicina, elegido miembro de las famosas Sociedades Reales de París, de Londres, de San Petersburgo, de Berlín y de Bolonia.
Primero enseñó matemáticas públicamente durante diez años en Groninga, luego durante 42 en la Universidad de Basilea. Mejor que las crónicas y títulos, sus propios escritos e invenciones le dan testimonio. Nació en Basilea el 27 de julio de 1667 y murió en la misma ciudad el 1 de enero de 1748.
Su esposa Dorothea Falckner ha erigido este monumento con lágrimas justificadas.

Primera rama genealógica de la familia Bernoulli

Nicolaus Bernoulli
(1623-1708) (concejal de Basilea)

Jacques I (1654-1705) (matemático)	Nicolaus (1662-1716) (pintor)	Jean I (1667-1748) (matemático)

2. La segunda generación

2.1. Nicolaus I Bernoulli

Nicolaus I, hijo del pintor Nicolaus Bernoulli (1662-1716), fue sobrino de Jacques I y Jean I. Nació en Basilea el 10 de octubre de 1687 y murió en la misma ciudad en 1759.

Fue profesor de matemáticas en la Universidad de Padua (1716-1719) y de leyes en la Universidad de Basilea (1722). Trabajó en geometría y ecuaciones diferenciales y escribió su tesis doctoral sobre el uso de la probabilidad en temas legales (*De Usu Artis Conjectandi in Jure*, 1709).

En su correspondencia con Leonhard Euler calculó la suma de los recíprocos de los cuadrados:

$$\sum \frac{1}{n^2} = \frac{\pi^2}{6}$$

2.2. Los tres hijos de Jean I

Figura 12
Nicolaus II

Nicolaus II nació en Basilea el 27 de octubre de 1695 y murió en San Petersburgo el 26 de julio de 1726. Fue profesor de leyes en Berna (1723-1725) y de matemáticas en San Petersburgo. Escribió sobre curvas, ecuaciones diferenciales y probabilidad. Su muerte prematura, a los 31 años, puso fin a una prometedora carrera.

Figura 13

Daniel I

Fuente: Wikipedia.

Daniel I nació en Groninga el 9 de febrero de 1700 y murió en Basilea el 17 de marzo de 1782. Fue profesor de matemáticas en la Academia de San Petersburgo (1725-1733) y en la Universidad de Basilea a partir de 1733.

Se cuenta que, en una ocasión, Daniel I estaba almorzando con el matemático Johann S. Koening[14], que se jactaba, con cierta complacencia, de un problema difícil que había resuelto con mucho trabajo. Bernoulli siguió con su almuerzo y, cuando fueron a tomar café, le presentó a Koening una solución del problema más elegante que la suya.

Figura 14

Epitafio de Daniel I en la Peterskirche (Basilea)

Fuente: Wikimedia Commons.

14. Johann Samuel Koening (1712-1757) fue un físico y matemático suizo, profesor de la marquesa Émile du Châtelet y miembro de la Academia de Ciencias de París.

Para Dios, el mejor y el más grande. Los restos mortales fueron entregados a esta pequeña tumba por Daniel Bernoulli, hijo de Jean I, matemático, físico y filósofo. El mundo ha visto pocos hombres iguales a él, ninguno que fuera superior.
Las academias y sociedades de ciencias y artes más famosas; a saber, la Imperial de Petersburgo, la Real de París, Londres y Berlín, y otras, compitieron para incluirlo entre ellas.
Después de haber colaborado con la Academia Rusa de San Petersburgo durante ocho años, hizo famosa a la universidad de su ciudad natal de Basilea durante 42 años como profesor público. Saciado de trabajo, honores y después de 82 años, 1 mes y 6 días, pasados en esta vida, fue llamado a un lugar mejor el 17 de marzo de 1782. Por sus inventos, obras y méritos, se erigió a lo largo de su vida un monumento a su genio más duradero que el bronce. Esta inscripción fue colocada con tristeza sobre su cuerpo por su hermano Jean II, su hermana Dorothea y los hijos de su hermano Emanuel y su hermana Catharina.

FIGURA 15

Johann Samuel Koening

Fuente: Wikipedia.

FIGURA 16

Jean II

Fuente: Wikipedia.

Jean II nació en Basilea el 18 de mayo de 1710 y murió en la misma ciudad el 17 de julio de 1790. Estudió derecho y en 1727 obtuvo el grado de doctor en leyes.

Ganó el premio de la Academia de París en cuatro ocasiones y enseñó matemáticas en la Universidad de Basilea. Sus principales investigaciones científicas se centraron en el campo de la física.

Segunda rama genealógica de la familia Bernoulli

Nicolaus (1662-1716)		Jean I (1667-1748)	
Nicolaus I (1687-1759) (matemático)	Nicolaus II (1695-1726) (matemático)	Daniel I (1700-1782) (matemático)	Jean II (1710-1790) (matemático)

3. La tercera generación: los hijos de Jean II

Jean III nació en Basilea el 4 de noviembre de 1744 y murió en Köpnick (cerca de Berlín) el 13 de julio de 1807.

A los 14 años se licenció en Derecho y a los 19 aceptó una cátedra en la Academia de Berlín. Entre los años 1786 y 1789 dirigió el *Magazin für die reie und angewandte Mathematik*, una de las primera revistas matemáticas europeas. Además, tradujo al francés el *Álgebra* de Leonhard Euler (1707-1783). Fue también miembro extranjero de la Real Academia de las Ciencias de Suecia.

Figura 17

Jean III

Fuente: Wikipedia.

De Daniel II solo sabemos que nació en Basilea el 31 de enero de 1751, que murió en la misma ciudad el 21 de octubre de 1834 y que fue profesor de elocuencia en Basilea.

FIGURA 18
Jacques II

Fuente: Wikipedia.

Jacques II nació en Basilea el 17 de octubre de 1759 y murió ahogado en el río Neva (San Petersburgo) el 15 de agosto de 1789.

Se licenció en derecho, pero sus intereses investigadores se centraron en las matemáticas y en la física matemática. En 1782 solicitó la cátedra de Física de la Universidad de Basilea, pero no la obtuvo.

A lo largo de su corta vida escribió sobre elasticidad, hidrostática y balística. Estos trabajos se remitieron a la Academia de Ciencias de San Petersburgo. Jacques estuvo casado con una nieta del gran Euler.

Tercera rama genealógica de la familia Bernoulli

	Jean II (1710-1790)	
Jean III (1744-1807) (matemático)	Daniel II (1751-1834) (profesor de elocuencia)	Jacques II (1759-1789) (matemático)

4. Los otros Bernoulli

A partir de la tercera generación, la genialidad matemática de los Bernoulli fue decreciendo sin que se destacasen nuevos miembros dedicados a las matemáticas en esta familia. David Eugene Smith (1958) se refiere a Christoph (1782-1863)[15], hijo de Daniel II, y a Jean Gustave (1811-1863) en los siguientes términos: "[...] ninguno de ellos alcanzó gran fama. La sangre de los Bernoulli había perdido su fuerza".

Figura 19
Christoph Bernoulli

Fuente: Wikimedia Commons.

Actividad 1. Para el alumnado de bachillerato puede resultar especialmente interesante conocer que la popular regla de l'Hôpital para el cálculo de límites indeterminados se debe a Jean I Bernoulli y no al matemático francés. Esta información puede presentarse en el aula mediante una actividad de enseñanza y aprendizaje como la siguiente.

1. Busca en internet información sobre las biografías de los matemáticos Guillaume François Antoine de l'Hôpital y Jean I Bernoulli.
2. La siguiente regla se atribuye a l'Hôpital: Si $f(x) = 0$, $g(x) = 0$ y $\frac{f'(x)}{g'(x)} = L$

   se verifica que $\frac{f(x)}{g(x)} = \frac{f'(x)}{g'(x)} = L$

Utilizando la regla de l'Hôpital calcula: senx/x.

L'Hôpital publicó su regla en el libro *Analyse des infiniment petits* (1696). Sin embargo, en una carta de 1694 dirigida al matemático francés Jean I propuso su primer enunciado y demostración.

Por consiguiente, la paternidad de la regla de l'Hôpital debe atribuirse al matemático suizo.

15. Christoph Bernoulli fue economista, físico, abogado y filósofo.

Capítulo 4

William Henry Young y Grace Chisholm Young: matrimonio matemático-pedagógico

Un caso paradigmático de la presencia de las matemáticas en el ambiente familiar lo compone la pareja de matemáticos ingleses William Henry Young y Grace Chisholm Young, dos de sus seis hijos y una nieta.

1. El padre y la madre: cronobiografías breves

FIGURA 1

William Henry Young (1863-1942)

Fuente: Wikipedia.

1863. Nació el Londres el 20 de octubre.

1881. Ingresó en Peterhouse, donde inició sus estudios de matemáticas.

1896. Se casó con la matemática Grace Chisholm.

1905. Publicó con su esposa *The First book of Geometry*.
1906. Publicó con su esposa *The Theory of Sets of Points*.
1906-1913. Profesor de la Universidad de Liverpool.
1907. Fue elegido miembro de la Royal Society.
1910. Publicó *The Fundamental Theorems of the Differential Calculus*.
1913-1919. Profesor de la Universidad de Calcuta.
1917. Recibió la medalla De Morgan.
1919-1923. Profesor de la Universidad de Aberystwyth (Gales).
1922-1924. Presidente de la London Mathematical Society.
1928. Recibió la medalla Sylvester.
1929-1936. Fue presidente de la Unión Matemática Internacional.
1942. Murió en Lausana (Suiza) el 7 de julio.

FIGURA 2
Grace Chisholm Young (1868-1944)

Fuente: Wikipedia.

1868. Nació en Haslemere (cerca de Londres) el 15 de marzo.
1889. Ingresó en el Griton College (Universidad de Cambridge), el mejor centro de matemáticas de la época. Su tutor fue William Henry Young y Arthur Cayley[16] fue uno de sus profesores.
1892. Obtuvo su diploma en Cambridge y se trasladó a Gotinga (Alemania).

16. Arthur Cayley (1821-1895) fue un matemático inglés especialista en álgebra de matrices y geometría *n*-dimensional.

1895. Leyó su tesis doctoral, *Los grupos algebraicos de la trigonometría esférica*, dirigida por Félix Klein[17], y volvió a Inglaterra.
1896. Contrajo matrimonio con William Henry Young.
1897. Se trasladó con su marido a Alemania.
1897-1908. Nacieron sus seis hijos.
1905. Publicó un libro de biología, *Bimbo*, dedicado a uno de sus hijos. También escribió *The First Book of Geometry*, en colaboración con su marido.
1906. Publicó con su esposo *The Theory of Sets of Points*.
1907. Escribió el libro de biología *Bimbo and the Frogs*.
1908. Se trasladó a Ginebra con toda la familia.
1915. La familia se mudó a Lausana.
1940. Debido a la Segunda Guerra Mundial, Grace volvió sola a Inglaterra.
1944. Murió en Croydon (Surrey) el 29 de marzo.

2. El primer libro de geometría

Entre los libros y los más de 200 artículos de contenido matemático que publicaron juntos, *The First Book of Geometry* es, sin duda alguna, la obra más relevante desde una óptica didáctica dada la "modernidad" de sus teorías.

El libro se desarrolla en 219 páginas y contiene 128 figuras (véase figura 3).

17. Félix Klein (1849-1925) fue un matemático alemán conocido por sus investigaciones en geometría no euclidiana, por sus estudios sobre la conexión entre la geometría y la teoría de grupos, y por sus resultados en teoría de funciones.

Figura 3

Teorema de Pitágoras: construcción geométrica con cuadrados sobre los lados del triángulo rectángulo (reproducción en escala de grises)

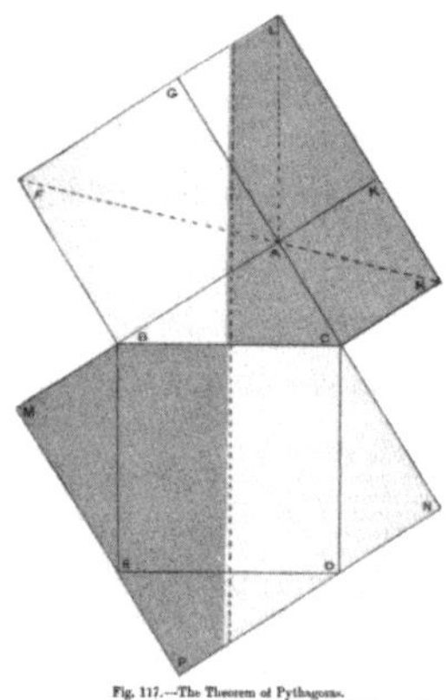

En el prefacio de la obra, los autores ofrecen su visión sobre la enseñanza-aprendizaje de la geometría elemental.

Dado su interés histórico-didáctico, lo reproducimos *in extenso*[18].

PREFACIO

El estudio de la geometría en las escuelas de secundaria y primaria padece considerablemente por el hecho de que los escolares no han adquirido previamente el hábito de la observación geométrica. En la mayoría de los casos, el entrenamiento que han tenido ha controlado, y no alentado, la práctica natural de pensar en tres dimensiones. En cierto sentido la geometría plana es más abstracta que la tridimensional o geometría sólida. Una de las razones por la que la geometría plana ha mantenido, durante siglos, su posición como un curso preliminar e independiente es por el valor didáctico del método para dibujar diagramas planos sobre el papel o la pizarra. Este método tiene las ventajas siguientes:

18. Ofrecemos una adaptación al castellano del texto original.

1. No precisa de un aparataje especial.

2. Es fácil de enseñar y de aprender, y solo requiere cuidado y práctica.

3. Los diagramas se pueden reproducir tantas veces como sea necesario, de modo que el aprendiz, al adquirir la destreza necesaria, se familiarice al mismo tiempo con las verdades que representan los diagramas.

Al parecer, la ausencia de la geometría sólida en un método didáctico que cumpla con todos estos requisitos es lo que ha provocado que su estudio se posponga a un periodo de la vida en el que las verdades elementales del espacio y las formas sólidas ya han perdido su interés original. La geometría sólida ha llegado a ser considerada uno de los temas matemáticos más difíciles y abstrusos. No se estudia seriamente excepto en las clases superiores de las escuelas secundarias y en las universidades, y allí se trata principalmente con métodos analíticos. De hecho, hay una opinión común de que la geometría es esencialmente una materia que se inicia en la escuela y que los niños no deben comenzarla hasta los diez años o más (hemos oído afirmar que sería perjudicial para un niño más pequeño estar "plagado de geometría").

La geometría, tal como la vemos, no es una plaga. No necesita aulas, ni pizarras, ni aparatos especiales. Ni siquiera requiere un maestro capacitado ni exige la atención del niño durante largos periodos de tiempo. Es esencialmente un tema para hacer en casa, y para una edad temprana. Sin alguna experiencia introductoria, el niño de diez años o más, que comienza la geometría en la escuela, no tiene nociones geométricas elementales en absoluto. No tiene, por ejemplo, idea del significado de un ángulo o de los tamaños relativos de objetos a distancia y cómo distinguirlos. Por otro lado, las formas geométricas más simples, si se le presentan, tienen poco interés para un niño de diez años; no le importará contar las esquinas de un cubo, darle la vuelta y manipularlo, hacer un modelo una docena de veces y cortarlo. Sin embargo, sin estos sencillos ejercicios prácticos, nunca estará realmente familiarizado con el cubo y con las posibilidades que ofrece de descubrir muchas de las relaciones fundamentales que constituyen la geometría.

El obstáculo en el camino del propio desarrollo de la comprensión geométrica ha sido la falta de un método que tome el lugar del dibujo en geometría plana. El dibujo de las figuras sólidas es demasiado difícil. El modelado, confinado en su mayor parte a los modelos de cartón, adolece del mismo defecto: es engorroso, caro y requiere una constante supervisión.

Cualquier niño pequeño puede tener siempre papel, lápiz y alfileres, incluso tijeras, pero no pegamento, cartón o un cuchillo. Los métodos adoptados en el presente librito no requieren más aparato que el papel, ocasionalmente algunos alfileres, un lápiz y un par de tijeras; de hecho, casi siempre se puede prescindir de este último. Los modelos y diagramas que se hacen con estos sencillos aparatos son, cuando están bien hechos, precisos y duraderos. Los que están hechos por un niño puede repetirlos tantas veces como quiera. Al hacerlos, adquiere no solo la destreza manual, sino también una completa familiaridad con las verdades que cada modelo pretende representar. Precisamente porque puede hacer esto "por sí mismo", no se le enseña, sino que aprende y desarrolla lo que puede llamarse su "sentido geométrico".

Esta es la nota clave del presente pequeño volumen. No es un libro de texto para ser aprendido. Se espera que pueda ser de ayuda al maestro, o a la persona adulta, quienquiera que sea, que quiera orientar y ayudar y no simplemente enseñar. Aún más, está destinado al niño mismo, de ahí la gran cantidad de diagramas. Hay mucho en el libro que al principio parece difícil, mucho que puede ser y será omitido al principio, pero quizás se asimile en una segunda lectura. El libro está destinado a ayudar al niño a lograr cosas y adquirir ideas que no dejarán de ser interesantes en ese momento y que posteriormente serán invaluables.

Se recomienda que los niños bastante pequeños realicen los modelos del rombo, triángulos isósceles y equiláteros, esfera, cubo, cuña, tetraedro, octaedro, etc. Pueden cortarlos en la forma sugerida y en cualquier otra forma que se les ocurra, unir los modelos o partes para formar nuevos sólidos, y contar los vértices, aristas y caras. De este modo, y quizás solo de este modo, cualquiera puede conseguir esa familiaridad absoluta con la forma y la posición que se adquiere por el sentido geométrico.

Un estudiante mayor podrá hacer mucho más que esto: dibujar y plegar los diagramas, seguir el razonamiento y captar los métodos usados y aplicarlos a la consideración de otros casos. Entre las ideas geométricas elementales, es particularmente notorio que la noción de ángulo y una comprensión adecuada de su uso solo pueden adquirirse mediante un proceso gradual.

En la presente introducción, la elaboración de modelos de ángulos, las medidas aproximadas con ellos, la subdivisión de ángulos, especialmente de ángulos rectos, las "demostraciones por plegado" de los teoremas relacionados con los ángulos de un triángulo, son ayudas para la comprensión de los ángulos. El transportador y otros artilugios mecánicos similares se apreciarán mejor después de que el escolar haya fabricado y utilizado aparatos sencillos. Es un hecho bien conocido que la pregunta "¿cómo de grande te parece la Luna?" recibe las más variadas respuestas: tan grande como un penique, un plato, una bandeja de té, etc. El hecho es que incluso las personas adultas no solo no están familiarizadas con el lenguaje en el que se debe responder a tal pregunta, sino que no tienen una concepción o imagen precisa en sus mentes de algo que ven con tanta frecuencia como la Luna. Uno de los objetivos de aprender acerca de los ángulos es permitirnos formular claramente tales preguntas sobre los objetos reales que nos rodean y responder nuestras propias preguntas, al menos, aproximadamente, o comprender las respuestas cuando acudimos a otra persona en busca de información.

Hay que mencionar otra cuestión. Hay ciertas proposiciones de Euclides que todo el mundo debería conocer, tanto si puede probarlas como si no.

Entre ellas se encuentran: "Dos lados de un triángulo son, tomados juntos, mayores que el tercero"; "El ángulo mayor de un triángulo se opone al lado mayor"; "Dos ángulos de un triángulo son menores que dos rectos", y el teorema de Pitágoras.

En general, las pruebas de estos teoremas dadas por Euclides dependen absolutamente de las demostraciones verbales adjuntas. Ha sido uno de los objetivos de este libro presentar las proporciones principales en la medida de lo posible de tal forma que puedan ser recordadas por el método de demostración independientemente del razonamiento verbal. Las demostraciones basadas en el plegado de papel[19] pueden ser realizadas correctamente por niños que son incapaces de dibujar figuras precisas, y el plegado se puede repetir con el mismo papel una y otra vez, mientras que una vez dibujado un diagrama, queda dibujado y no se pueden repasar las líneas por segunda vez. Para una buena prueba con

19. Papiroflexia.

plegado de papel es esencial que el proceso sea capaz de repetirse y, por tanto, hemos evitado las pruebas "por recorte".

En resumen, las principales características del presente libro pueden resumirse de la siguiente manera:

1. La presentación de las ideas geométricas básicas.

2. La presentación, en forma gráfica, de los teoremas geométricos básicos.

3. El desarrollo de métodos prácticos que no requieran a) ningún aparato especial, b) ninguna supervisión especial ni c) ningún gasto de dinero para llegar a familiarizarse con objetos planos y sólidos, y las relaciones que determinan sus posiciones y sus formas.

El texto se organiza en las 35 secciones siguientes y concluye con una colección de 122 problemas propuestos.

§1. NOCIONES PRELIMINARES. Espacio, sólidos, superficies y volúmenes.
§2. LA LÍNEA RECTA. Construcción de una línea recta. Líneas curvas y quebradas. Dos puntos determinan una recta. Segmento rectilíneo. Semirrecta. Vertical.
§3. EL PLANO. Caracterización de un plano. Plano vertical. Plano horizontal. Superficies que no son planos. Bloque rectangular[20]. Intersección de planos.
§4. EL CILINDRO Y EL CONO.
§5. DIVISIÓN DEL PLANO POR UNA RECTA.
§6. ÁNGULOS. Definición. Vértices y lados. Notación. Interior y exterior de un ángulo. Modelo de un ángulo. Ángulo subtendido por el ojo.
§7. IGUAL, MAYOR Y MENOR. Igualdad de segmentos rectilíneos. El principio de superposición. Mayor y menor.
§8. EL CÍRCULO. Construcción de un círculo. Lugar geométrico. Centro, radio y diámetro del círculo. Área del círculo. Simetría. Modelo de una esfera con meridianos y ecuador. Centro, radio y diámetro de una esfera. La esfera como lugar geométrico. Cuadrantes y octantes. Modelo de una esfera. Círculos congruentes. Círculos concéntricos. Comparación de las áreas de círculos.

20. Ortoedro.

§9. DIVISIÓN DE UN SEGMENTO RECTILÍNEO. Bisección de un segmento rectilíneo. Puntos superpuestos en el plegado de papel.

§10. IGUALDAD DE ÁNGULOS. Ángulos iguales. Múltiplos de un ángulo. Ángulo subtendido por el ojo. Diámetro angular de la Luna y el Sol. Construcción de un ángulo igual a otro dado. Ángulos en el centro de un círculo. Arco, cuerda y arcos complementarios.

§11. DIVISIÓN DE ÁNGULOS. Bisección de ángulos mediante un modelo. Bisección de un ángulo sin usar un modelo.

§12. COMPARACIÓN DE ÁNGULOS DESIGUALES. Ángulos mayores y menores. Rotación, línea inicial, sentido de rotación, el reloj. Ángulo cóncavo.

§13. PERPENDICULARIDAD. Perpendicularidad con papiroflexia. Desde un punto solo se puede trazar una perpendicular a una recta. Ángulos rectos. Ángulos suplementarios. Ángulos adyacentes y ángulos opuestos por el vértice. Puntos superpuestos en papiroflexia. Trazado de una perpendicular. Intersección de dos círculos.

§14. EL ROMBO. Definición. Cuadrilátero, diagonal. Simetría del rombo. Área del rombo. Construcción del rombo. Ángulos del rombo.

§15. EL CUADRADO. Definición. Papiroflexia. Simetría del cuadrado. Cómo dibujar un cuadrado. Comparación de las áreas de cuadrados. Medida del cuadrado.

§16. EL CUBO. Definición. Modelo. Caras, vértices y aristas. Diagonales. Centro del cubo. Simetría del cubo. Modelos de bloques rectangulares que componen un cubo.

§17. EL RECTÁNGULO. Definición.

§18. PERPENDICULARIDAD. Líneas y planos perpendiculares.

§19. EL TRIÁNGULO ISÓSCELES. Definición y construcción del triángulo isósceles. Ángulos de un triángulo isósceles. Área de un triángulo. Suma de los ángulos de un triángulo isósceles.

§20. LOS TRIÁNGULOS EQUILÁTEROS. Construcción de un triángulo equilátero.

§21. EL HEXÁGONO REGULAR. Construcción del hexágono regular.

§22. EL TRIÁNGULO RECTÁNGULO ISÓSCELES.

§23. EL TETRAEDRO ESQUINA[21]. Sección de un tetraedro en un vértice del cubo. Modelo de tetraedro esquina. Cubo con una esquina cortada. El tetraedro doble. El tetraedro regular. El tetraedro regular doble.

FIGURA 4

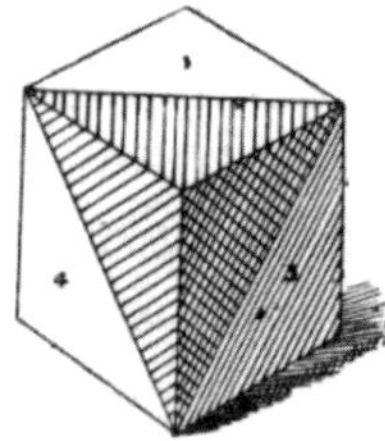

§24. EL TRIÁNGULO. Triángulos rectángulos, obtusángulos y acutángulos. Ángulos de un triángulo. Suma de dos ángulos de un triángulo. Lados de un triángulo. Área de un triángulo.

§25. TRIÁNGULOS CONGRUENTES. Test de congruencia de triángulos. Congruencia directa y simetría.

§26. LÍNEAS PARALELAS. Lados opuestos de un rombo. Definición de rectas paralelas. Construcción de paralelas. Existencia de una sola paralela que pasa por un punto. Aristas paralelas de un cubo. Paralelismo recta-plano. Paralelas a una misma recta. Aristas de un cubo que se cruzan.

§27. PLANOS PARALELOS. Definición. Modelo de tetraedro regular truncado.

§28. EL OCTAEDRO REGULAR. Comparación de los sólidos obtenidos por secciones del cubo.

§29. PROPIEDADES DE DOS RECTAS PARALELAS. Ángulos determinados por una recta que corta a dos paralelas. Ángulos determinados por dos rectas que se cortan. La suma de los ángulos de un triángulo es igual a dos rectos.

§30. EL TRIÁNGULO RECTÁNGULO. La hipotenusa.

§31. ÁREA DEL TRIÁNGULO RECTÁNGULO Y DEL RECTÁNGULO.

§32. EL TEOREMA DE PITÁGORAS.

21. Se llama así al tetraedro que es la "esquina" de un cubo (véase la figura 4).

§33. PARALELOGRAMOS. Definición y propiedades de un paralelogramo. Áreas de paralelogramos y triángulos. División de un rombo en dos rombos y dos paralelogramos.
§34. TRIÁNGULOS CONJUGADOS.
§35. LÍNEAS CONJUGADAS ISOGONALES[22]. Línea simediana. Extensión del teorema de Pitágoras. Teorema de Papo.

Para que el lector pueda apreciar el talante de la obra, a modo de ejemplo, ofrecemos algunos de los tópicos geométricos elementales propuestos por Grace Chisholm Young y William Henry Young. Cuando lo consideremos pertinente, los acompañaremos de las aclaraciones oportunas.

EL CUBO (§16, pp. 100-114)
Un cubo es un bloque rectangular con todas las aristas iguales.

FIGURA 5

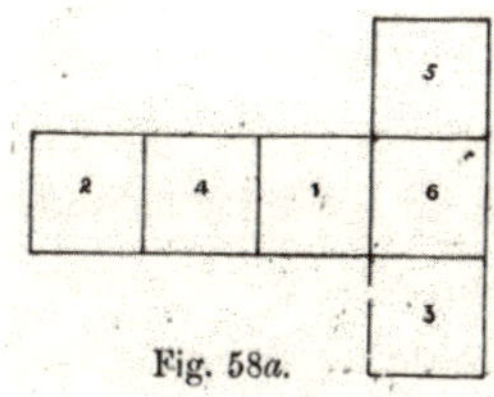

Fuente: *The first book of Geometry*.

La figura 58*a* [figura 5]es lo que se llama *desarrollo de un cubo*. Es un modelo plano de un cubo sin caras adicionales. Si se dibuja el desarrollo de un cubo en un trozo de cartulina, se marcan las líneas divisorias con un cuchillo y se corta el modelo, se puede doblar el desarrollo en forma de cubo y con tiras de papel engomado se puede materializar un modelo de cubo.

La figura 59 [figura 6] muestra el resultado final.

22. Dos líneas rectas que pasan por el vértice de un ángulo se llaman *conjugadas isogonales*, o simplemente *isogonales*, con respecto a dicho ángulo, si la bisectriz del ángulo dado también lo es del ángulo determinado por dichas líneas.

Figura 6

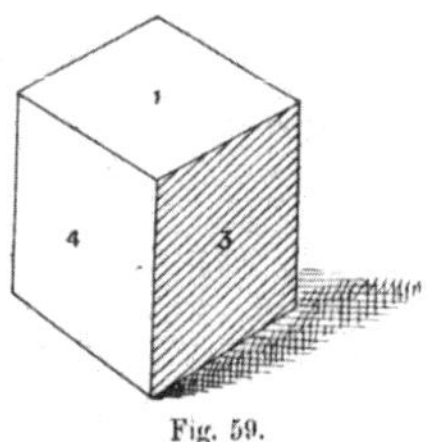

Fuente: *The first book of Geometry*.

Hemos utilizado los seis primeros números naturales para designar las caras del cubo.

Aclaración: aunque no se detalla en el texto original, la asignación de un número a cada cara es la siguiente:

Figura 7

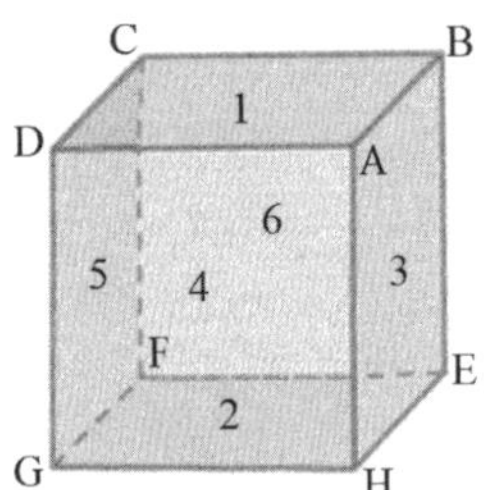

Fuente: Elaboración propia.

DCBA = 1
GFEH = 2
ABEH = 3
DAHG = 4
DCFG = 5
CBEF = 6

¿Cómo se designarán las aristas? Se pueden usar pares de estos números. Así, el par (1, 4) es la arista en que se cortan las caras 1 y 4.

¿Cómo se pueden designar con los mismos números los vértices del cubo? Se puede designar cualquier vértice mediante los tres números de las caras que concurren en él. Así, por ejemplo, los extremos de la arista (1, 4) son los vértices (1, 3, 4) y (1, 4, 5).

FIGURA 8

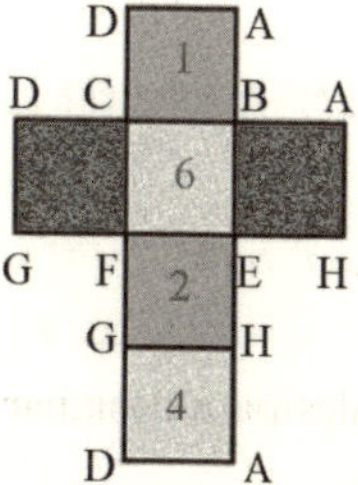

Fuente: *The first book of Geometry*.

A partir del desarrollo de la figura precedente se obtienen fácilmente las "coordenadas" de las aristas y vértices del cubo con el que estamos trabajando:

1. Aristas

   AB = (1, 3), BC = (1, 6), CD = (1, 5)

   DA = (1, 4), AH = (3, 4), BE = (3, 6)

   CF = (5, 6), DG = (4, 5), HE = (2, 3)

   EF = (2, 6), FG = (2, 5), GH = (2, 4)

2. Vértices

   A = (1, 3, 4)

   B = (1, 3, 6)

   C = (1, 5, 6)

   D = (1, 4, 5)

   E = (2, 3, 6)

   F = (2, 5, 6)

   G = (2, 4, 5)

   H = (2, 3, 4)

Hemos usado los seis primeros números naturales como símbolos. Podríamos haber usado las seis primeras letras, seis colores o cualesquiera otros símbolos; pero habiendo elegido los seis números, solo un nombre para cada cara, vértice y esquina de un cubo.

El simbolismo propuesto por el matrimonio Young puede resultar útil para que los alumnos de educación primaria se introduzcan en el mundo de las coordenadas, omnipresentes en los estudios de geometría analítica.

SUMA DE LOS ÁNGULOS INTERIORES DE UN TRIÁNGULO (§29, pp. 172-173)

Los tres ángulos (interiores) de un triángulo son iguales a dos rectos (180°).

Construimos un triángulo cualquiera efectuando tres dobleces en un papel. Al menos dos de sus ángulos son agudos, designemos por B y C sus vértices, y por A el tercer vértice.

Si AP es la perpendicular a BC trazada por A, entonces PA y PB se cortan en el punto P.

FIGURA 9

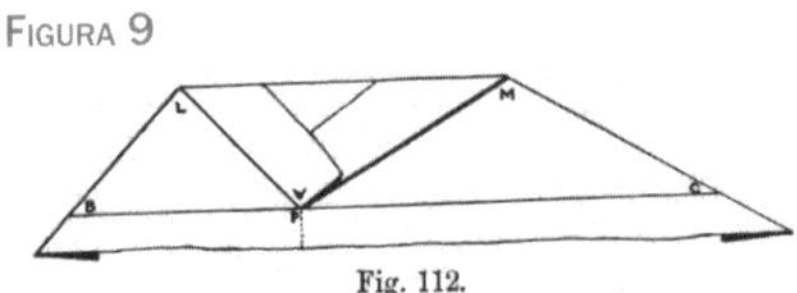

Fig. 112.

Si doblamos A sobre P, el doblez biseca perpendicularmente a AP y, en consecuencia, es paralelo a BC. Por tanto, el doblez biseca a AB y AC en los puntos L y M. Luego, AL = LB y AM = MC. Si, mediante dos dobleces, hacemos coincidir B con P y C con P, entonces LB coincide con LP y MC coincide con MP.

En estas condiciones, los tres ángulos interiores del triángulo están colocados exactamente en los dos ángulos rectos de vértice P. Con esto, queda demostrado el teorema.

Comentario de carácter histórico

Según el matemático e historiador Howard Eves (1983, pp. 241-242), Blaise Pascal (1623-1662), siendo aún muy joven, descubrió que la suma de los ángulos interiores de un triángulo es un ángulo llano. Para ello se sirvió de un experimento en el que era preciso doblar un triángulo de papel.

Desgraciadamente, esta anécdota de Pascal no se sustenta en documento alguno que la acredite.

El uso de la papiroflexia para demostrar el teorema que nos ocupa, se encuentra en algunos textos de épocas pasadas. Por ejemplo, en el libro *Elements of*

Practical Geometry for Schools and Workmen (1852: 75), Horace Grant incluye el siguiente procedimiento:

FIGURA 10

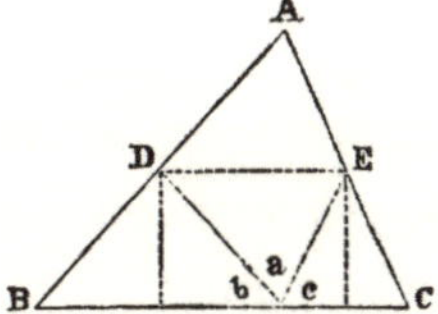

> Corta un gran triángulo de papel de cualquier forma y dobla el ángulo superior A hasta que toque la base en *a*. El doblez DE debe hacerse paralelamente a la base. Acto seguido, dobla el ángulo B hasta que caiga junto a *a* en *b* y dobla el ángulo C hasta que esté junto a *a* en *c*.
> Los tres ángulos *a*, *b* y *c* coinciden en el mismo punto del segmento BC y, por tanto, son iguales a dos rectos.
> Corta muchos más triángulos de papel de distintas formas y dobla sus ángulos como hemos hecho antes. Comprobaremos que los tres ángulos siempre ocupan el espacio de dos ángulos rectos.

3. Los hijos matemáticos de Grace y William

De los seis hijos del matrimonio Young, dos de ellos (Rosalynd Cecily y Laurence) también se dedicaron a las matemáticas.

3.1. La hija

FIGURA 11

Rosalind Cecily Hildegard Young (Tanner)
(parte superior izquierda de la fotografía)

1900. Rosalind Cecily Hildegard Young nació en Gotinga el 5 de febrero de 1900. Fue la hija mayor del matrimonio Young.
1917. Ingresó en la Universidad de Lausana.
1925. Se licenció en Ciencias (matemáticas y física) en Lausana y publicó en *L'Enseignement mathématique* su primer artículo "Les fonctions monotones et l'intégration dans l'espace à *n* dimensions". En él probó ciertos hechos publicados sin demostración alguna por su padre[23].
1928. Defendió su tesis doctoral en la Universidad de Cambridge con la memoria "Foundations for the generalisation of the theory of Stieltjes' Integration and of the theory of length, area and volume. An *n*-dimensional treatment". Publicó su traducción al inglés de *Theorie und Anwendung der unendlichen Reihen* (Teoría y aplicación de las series infinitas) de Konrad Hermann Theodor Knopp[24].
1928-1932. Publicó diversos artículos relacionados con el tema de su tesis doctoral.
1933. Ingresó en el Imperial College of Science and Technology de la Universidad de Londres.
1936. Desde este año se dedicó exclusivamente a la historia de las matemáticas y a la educación matemática. Se interesó especialmente en los trabajos del matemático Thomas Harriot[25].
1953. Se casó con el ingeniero Bernard William Tanner.
1992. Murió en Croydon (Inglaterra) el 24 de noviembre.

---

23. Se alude al artículo de William Henry Young "On multiple integrals", publicado en 1917 en la revista *Proceedings of the London Mathematical Society*, vol. 2.
24. Konrad Hermann Theodor Knopp (1882-1957) fue un matemático alemán especialista en funciones complejas.
25. El matemático inglés Thomas Harriot (1560-1621) introdujo en su obra póstuma *Artis analyticae praxis ad aequationes algebraicas nova, expedita et generali methodo resolvendas* (1631, p. 10) los signos de desigualdad que se usan actualmente.

FIGURA 12

Laurence Chisholm Young (1905-2000)

1905. Laurence Chisholm Young nació en Gotinga el 14 de julio.

1924. Estudió con Constantin Carathéodory[26] en Múnich.

1927. Publicó su primer libro *The Theory of Integration.*

1934. Se casó con Elizabeth Mary Dunnett el 9 de junio. De este matrimonio nacieron seis hijos.

1938. Fue nombrado profesor de matemáticas de la Universidad de Ciudad del Cabo (Sudáfrica). Permaneció en dicha institución hasta 1948.

1949. Fue nombrado profesor de matemáticas en la Universidad de Wisconsin-Madison, donde permaneció hasta su jubilación en 1975.

1969. Publicó *Lectures on the Calculus of Variations and Optimal Control Theory.*

1981. Publicó *Mathematicians and their Times: History of Mathematics and Mathematics of History.*

2000. Murió en Madison (Wisconsin, Estados Unidos) el 24 de diciembre.

26. Constantin Carathéodory (1873-1950) fue un matemático alemán con importantes contribuciones al cálculo de variaciones y a la teoría de funciones de una variable real.

4. La nieta

Figura 13

Sylvia Young y Roger Wiegand

Figura 14

Laurence Chisholm Young y su hija Sylvia

1945. Sylvia Young Wiegand, hija de Laurence Chisholm Young, nació en Ciudad del Cabo el 8 de marzo.

1966. Se graduó en el Bryn Mawr College de Pensilvania y se casó con el matemático Roger Wiegand.

1972. Defendió su tesis doctoral sobre álgebra conmutativa con la memoria "Galois Theory of Essential Extensions of Modules and Vanishing Tensor Powers", dirigida por Lawrence S. Levy.

1987. Fue nombrada profesora titular de la Universidad de Nebraska.

1997-2000. Fue elegida presidenta de la Association for Women in Mathematics.

2012. Se convirtió en *fellow* de la American Mathematical Society.

Actividad 1. El simbolismo propuesto por el matrimonio Young puede resultar útil para que los alumnos de educación primaria se introduzcan en el mundo de las coordenadas, omnipresentes en los estudios de geometría analítica. Para llevar esta actividad al aula, se puede guiar a los alumnos para que dibujen un plano cartesiano sencillo usando estos símbolos, marquen algunos puntos y luego discutan su significado, de manera que se familiaricen con la representación e interpretación de las coordenadas.

Actividad 2. Creemos que la “demostración papirofléxica” propuesta por el matrimonio Young supera los conocimientos del alumnado menor de 10 años. Por ello, resulta necesario reformularla de acuerdo con los conocimientos propios de esta etapa educativa.

A continuación, se propone una actividad didáctica pensada para estudiantes de este nivel.

Figura 15

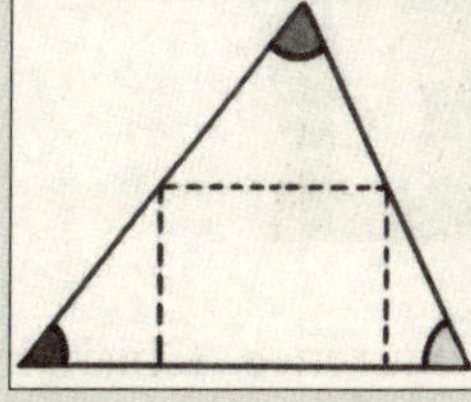

Fuente: Elaboración propia.

Figura 16

Fuente: Elaboración propia.

1. Recorta la figura de la izquierda y dóblala por las líneas discontinuas. Si lo haces con cuidado, obtendrás la figura de la derecha.
2. Apoyándote en esta “construcción” completa la frase siguiente: “La suma de los ángulos interiores de cualquier triángulo es igual a...”.

Capítulo 5

Los Lehmer: el padre, el hijo y la nuera

En el primer capítulo se analizó la labor de Teón de Alejandría y de su hija Hipatia, quienes no solo profundizaron en el estudio de las matemáticas, sino que también ejercieron una notable función docente, característica que comparten otros matemáticos examinados a lo largo del libro.

Unos capítulos más tarde nos volvemos a encontrar con una situación similar: un padre, Derrick Norman Lehmer, y un hijo, Derrick Henry Lehmer, profesores universitarios y especialistas en teoría de números.

1. El padre

FIGURA 1
Derrick Norman Lehmer

El matemático norteamericano Derrick Norman Lehmer nació el 27 de julio de 1868 en Somerset (Indiana) y murió el 8 de septiembre de 1938 en Berkeley (California). Su campo de investigación fue la teoría de números.

Al final de su tesis doctoral, "Asymptotic Evaluation of certain Totient Sums", leída en la Universidad de Chicago en 1900 y dirigida por Eliakim Moore (1862-1932), Derrick Norman Lehmer facilitaba los siguientes datos autobiográficos:

VITA

Yo, Derrick Norman Lehmer, nací el 27 de Julio de 1868 en Somerset, condado de Wabash (Indiana). Recibí mi educación primaria en las escuelas públicas de Nebraska.

Ingresé en el Departamento Preparatorio de la Universidad de Nebraska en 1887 y me gradué en esa institución en 1893, obteniendo el título de B. A. (Bachelor of Arts). Estudié un año en la Universidad Johns Hopkins (1893-1894) donde asistí a las clases de los profesores Craig, Franklin y Study. Después de un año de Ingeniería Civil, regresé a la Universidad de Nebraska como *fellow* en Matemáticas, donde estudié con el profesor Davis. En 1896 conseguí el grado de M. A. (Master of Arts) en esa institución.

En 1898 fui elegido para una beca en Matemáticas en la Universidad de Chicago, donde trabajé con los profesores Moore, Bolza y Maschke.

FIGURA 2

Primeros párrafos de la tesis doctoral de Derrick Norman Lehmer

Asymptotic Evaluation of certain Totient Sums.

BY DERRICK NORMAN LEHMER.

INTRODUCTION.

This investigation is the outcome of an attempt to account for what seems to be a remarkable law first observed in particular cases in 1895. It may be stated as follows:

Consider any set s of k linear forms, $an+b_i$ $(i=1 \ldots . k)$, all of which have the same modulus a, and where $[a, b_i]=1$.* Consider, further, a function $\Theta_s(x)$ such that $\Theta_s(x)=1$ or 0, according as each of the prime divisors of x belongs to one of the forms of the set s or not. If then $\nu(x)$ denotes the number of distinct primes in x, we have

$$\lim_{N=\infty} \frac{\sum_{x=1}^{N} 2^{\nu(x)} \Theta_s(x)}{N} = \text{constant}.$$

In the following we shall prove this law where s is the set of linear forms belonging to a binary quadratic form. We shall also determine the constant in this case.

En 1909 publicó *Factor Table for the First Ten Million Containing the Smallest Factor of Every Number Not Divisible by 2, 3, 5 or 7 Between the Limits 0 and 1001700*. Derrick Norman Lehmer se casó con Clara Eunice Mitchell el 12 de julio del mismo año[27].

En 1914 salió a la luz su *List of Prime Numbers from 1 to 10006721*. La "lista" consta de 133 páginas, cada una de las cuales contiene exactamente 5.000 números primos dispuestos en 100 filas y 50 columnas.

En total, la lista incluye $5.000 \cdot 133 = 665.000$ números primos.

Advirtamos que Lehmer supuso que 1 era el primer número primo. Esta suposición nunca fue admitida por la comunidad matemática[28].

En la introducción del libro se ofrece un buen resumen de la presencia de los números primos en la historia de las matemáticas. A continuación, ofrecemos algunos párrafos que

27. El matrimonio tuvo dos hijos y tres hijas.
28. En tiempos de Lehmer aún era habitual contar el 1 entre los números primos, aunque hoy se considera incorrecto.

pueden ser interesantes para los lectores con una formación matemática básica:

El primer teorema de tipo general relacionado con los números primos se debe a Euclides[29], quien prueba mediante un análisis singular que forman una serie infinita.

Su argumento es sustancialmente como sigue: supongamos que el número de primos es finito y que existe, por lo tanto, un primo mayor, digamos *P*. Todos los números mayores que *P* deben ser divisibles por uno o más primos desde 2 hasta *P*. Pero es fácil construir un número que sea mayor que *P* y que al mismo tiempo sea primo con todos los números menores que *P*. Solo necesitamos multiplicar todos los números primos desde 2 hasta *P* y sumar la unidad al producto. Este número da un resto igual a la unidad cuando se divide por cualquiera de los números primos de 2 a *P*. Por tanto, es primo o es divisible por primos mayores que *P*, lo que es contrario a la hipótesis de que *P* era el mayor número primo. En consecuencia, el número de primos no puede ser finito.

También debemos a la Escuela de Alejandría el primer método practicable para determinar la serie de los números primos. Eratóstenes[30], contemporáneo de Euclides, fue el inventor de un proceso de "cribado" para eliminar los números compuestos de la sucesión de los números naturales. Primero escribió los números en orden y luego eliminó los múltiplos de 2, borrando (a partir de él) los demás números de dos en dos.

Luego borró cada tercer número después del 3, luego cada quinto después del 5, y así sucesivamente. De este modo, borrando los múltiplos de los sucesivos números no tachados, obtuvo la sucesión de los números primos. La sucesión será completa hasta el cuadrado del número primo inmediatamente superior al último que se ha eliminado. Así, después de eliminar los múltiplos de 2, 3, 5 y 7, la sucesión está completa hasta el número 121 (= 11^2).

29. *Elementos*, libro IX, proposición 20: "Hay más números primos que cualquier conjunto de números primos".
30. Eratóstenes, matemático, astrónomo, geógrafo, historiador y filósofo, nació en Cirene alrededor del 276 a. C. y vivió en Atenas hasta que a los 40 años de edad fue requerido por el rey Ptolomeo III de Egipto para que fuese tutor de sus hijos y dirigiese la famosa Biblioteca de Alejandría. En dicha ciudad murió, casi ciego, en el año 194 a. C.

No es posible encontrar una fórmula del tipo

$$Ax^n + Bx^{n-1} + Cx^{n-2} + Dx^{n-3} + ...$$

que produzca números primos para todos los valores de x. Supongamos que al hacer $x = \alpha$ la fórmula da como resultado el número primo p; entonces, al hacer $x = \alpha + py$, donde y es un número cualquiera, se debería obtener un resultado divisible por p y diferente de p, y por tanto no sea un número primo.

Sin embargo, Euler[31] y Legendre[32] dieron una serie de fórmulas notables con las que se obtiene una proporción sorprendente de valores primos. Tal es la fórmula $x^2 + x + 41$, que para los primeros cuarenta valores de x (0, 1, 2, 3, 4, 5, 6, 7, 8, 9, ..., 39) no da más que números primos. No obstante, para $x = 40$ se obtiene el cuadrado $1.681 = 41^2$ y para $x = 41$ el resultado es $1.743 = 41 \cdot 43$. Otras fórmulas del mismo tipo han sido propuestas, tales como $x^2 + x + 17$ y $2x^2 + 29$.

También se han considerado funciones de x de diferente tipo. Así, la fórmula $2^{2n} + 1$ fue propuesta por Fermat[33], el gran descubridor en teoría de números, para obtener valores primos para cualquier valor de n. Sin embargo, el quinto número de esta serie fue descompuesto por Euler en los factores 641 y 6.700.417. Afortunadamente para su propia posición como matemático, Fermat había admitido que no tenía prueba alguna de su conjetura.

---

31. Leonhard Euler introdujo el símbolo e para la base de los logaritmos neperianos; p para la razón de la circunferencia al diámetro; i para la unidad imaginaria; a, b, c para los lados de un triángulo; A, B, C para los ángulos de un triángulo; Σ para la suma y $f(x)$ para una función dependiente de la variable x.
En geometría elemental es famosa su fórmula $c + v = a + 2$, que relaciona el número de caras (c), vértices (v) y aristas (a) de cualquier poliedro convexo.
La fórmula $e^{pi} + 1 = 0$ en la que se convierte la expresión $e^{pi} = \cos\Phi + i \operatorname{sen}\Phi$ cuando $\Phi = \pi$ aparece en su *Introductio in analysin infinitorum* (1748) e incluye los cinco números más importantes de las matemáticas.
Euler murió en San Petersburgo en 1783.
32. Adrien Marie Legendre nació en Toulouse (1752) y murió en París (1833). Sus principales contribuciones a las matemáticas se dieron en teoría de números y funciones elípticas.
33. Pierre de Fermat fue un abogado, funcionario del Gobierno y matemático francés. Nació en Beaumont de Lomagne el 17 de agosto de 1601 y murió en Castres el 12 de enero de 1665. Investigó en teoría de números y en los fundamentos del cálculo.

En 1917, Lehmer publicó *An Elementary Course in Synthetic Projective Geometry*.

Figura 3

Ilustración del teorema de los dos cuadrángulos completos

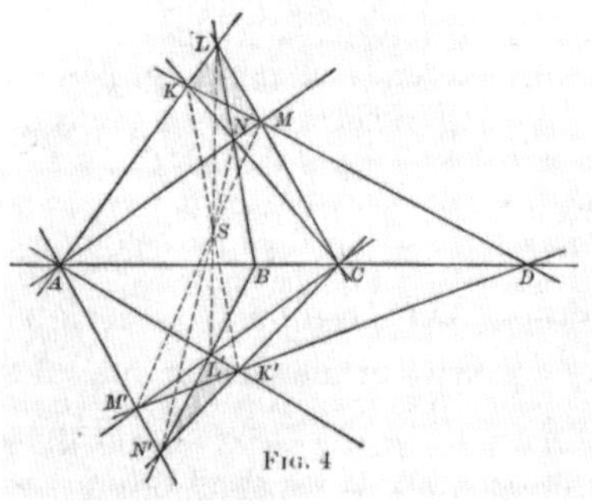

Fuente: *An Elementary Course in Synthetic Projective Geometry*.

En 1918, publicó el artículo "On the History of the Problem of Separating a Number into its Prime Factors"[34]. En la década de 1920 trabajó con tarjetas perforadas para la factorización de números compuestos y publicó el opúsculo *Factor Stencils* (1929).

Derrick Norman Lehmer se jubiló en 1937. Además de su actividad científica, Derrick Norman Lehmer fue compositor y poeta. Escribió *Fightery Dick*, además de otros poemas. Fue el creador dos óperas: *The Harvest* y *The Necklace of the Sun: A Mayan Drama*, que se estrenaron en 1933 y 1935, respectivamente. También compuso un buen número de canciones.

34. *The Scientific Monthly*, vol. 7, nº 3, septiembre de 1918, pp. 227-234.

Figura 4

Poema de Derrick Norman Lehmer

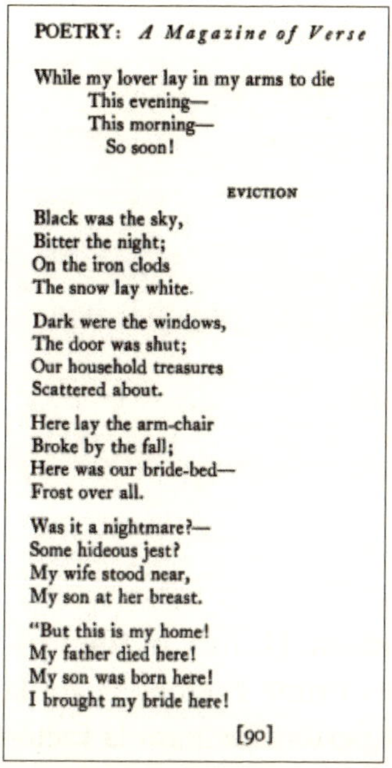

POETRY: *A Magazine of Verse*

While my lover lay in my arms to die
This evening—
This morning—
So soon!

EVICTION

Black was the sky,
Bitter the night;
On the iron clods
The snow lay white.

Dark were the windows,
The door was shut;
Our household treasures
Scattered about.

Here lay the arm-chair
Broke by the fall;
Here was our bride-bed—
Frost over all.

Was it a nightmare?—
Some hideous jest?
My wife stood near,
My son at her breast.

"But this is my home!
My father died here!
My son was born here!
I brought my bride here!

[90]

Fuente: Revista *POETRY*.

Mientras mi amante yacía en mis brazos para morir
Esta tarde—
Esta mañana—
¡Tan pronto!

DESAHUCIO

Negro era el cielo,
Amarga la noche;
Sobre los terrones de hierro
Yacía la nieve blanca.

Oscuras eran las ventanas,
La puerta estaba cerrada;
Nuestros tesoros del hogar
Esparcidos por todas partes.

Aquí estaba la butaca
Rota por la caída;
Aquí estaba nuestro lecho nupcial—
Helado por todas partes.

¿Fue una pesadilla?—
¿Alguna broma horrible?
Mi esposa estaba de pie,
Mi hijo en su pecho.

"Pero este es mi hogar!
¡Aquí murió mi padre!
¡Aquí nació mi hijo!
¡Aquí traje a mi esposa!"

2. El hijo y la nuera

Figura 5
Derrick Henry Lehmer (el hijo)

Derrick Henry fue el tercer hijo de Derrick Norman Lehmer y Clara Eunice Mitchell. Nació el 23 de febrero de 1905 en Berkeley y falleció el 22 de mayo de 1991 en la misma ciudad.

Al acabar sus estudios elementales, ingresó en la Universidad de Berkeley para estudiar Físicas. En esta época ayudó a su padre en los cálculos concernientes a la teoría de números y en el desarrollo de algunos artilugios mecánicos para llevarlos a cabo.

FIGURA 6

Cálculos manuscritos de Derrick Henry Lehmer (1932)

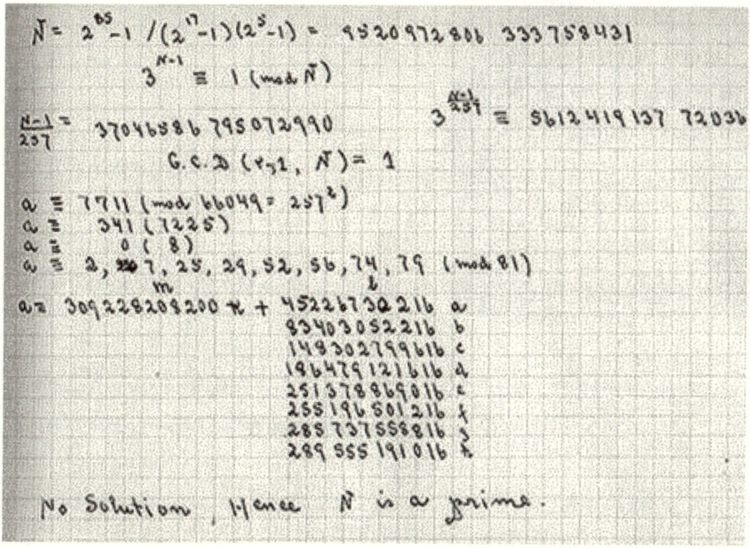

En 1927, obtuvo la licenciatura en Físicas y al año siguiente se casó con la matemática de origen ruso Emma Markovna.

Figura 7
Emma Markovna (de casada, Lehmer)

En 1928 publicó "The Mechanical Combination of Linear Forms"[35]. En 1930 obtuvo el grado de doctora por la Universidad de Brown con la tesis "An Extended Theory of Lucas's Functions", dirigida por el matemático ucraniano-americano Yakov Davydovich Tamarkin (1888-1945).

En los veinte años siguientes, la vida del matrimonio Lehmer se convirtió en un continuo peregrinaje en busca de un puesto universitario fijo. Derrick Henry Lehmer trabajó en el Instituto de Tecnología de California (1930-1931), en la Universidad de Stanford (1931-1932), en el Instituto de Estudios Avanzados de Princeton (1932-1934), en la Universidad de Lehigh en Pensilvania (1934-1938) y en las Universidades de Cambridge y Manchester (1938-1939). De regreso a Estados Unidos, Lehmer volvió a trabajar en Lehigh (1939-1940).

En 1940 aceptó un puesto en la Universidad de California (Berkeley). Allí permaneció en activo hasta 1972. Desde ese mismo año hasta 1991 fue profesor emérito en dicha universidad.

35. *American Mathematical Monthly*, vol. 35, pp. 114-121.

Los asuntos matemáticos en los que trabajó Derrick Henry Lehmer fueron muy variados, incluyeron funciones de Lucas, fracciones continuas, números y polinomios de Bernoulli, ecuaciones diofánticas, números primos, combinatoria, cálculo computacional, resolución de ecuaciones, matrices, etc. Fue uno de los pioneros en el uso de las computadoras como herramientas indispensables en la investigación matemática. Una de sus publicaciones más importantes fue *Guide to Tables in the Theory of Numbers* (1941).

En la introducción de la obra leemos:

> Hay tres partes principales en el informe:
>
> I. Una relación descriptiva de las tablas existentes, ordenadas según la clasificación clásica de las tablas en teoría de números, indicada en los contenidos[36].
>
> II. Una bibliografía ordenada alfabéticamente por autores en la que se dan las referencias exactas de las fuentes de las tablas mencionadas en la primera parte.
>
> III. Lista de las erratas advertidas en las tablas.

En 1981, se publicaron tres volúmenes de sus trabajos con el título *Selected Papers of D. H. Lehmer*.

36. Los contenidos indicados por Derrick Henry Lehmer son los siguientes: "Números perfectos y amigos y sus generalizaciones. Funciones numéricas. Decimales periódicos. Congruencia binomial. Tablas de factores. Lista de números primos y tablas de su distribución. Tablas para facilitar la factorización y la identificación de números primos. Tablas con las soluciones de ecuaciones diofánticas lineales y congruencias. Congruencias de segundo grado. Ecuaciones diofánticas de segundo grado".

FIGURA 8

Emma Markovna (la nuera)

Emma Markovna nació en Samara (Rusia) el 6 de noviembre de 1906 y falleció en Berkeley el 7 de mayo de 2007.

Su familia emigró a Harbir (China), donde Emma recibió clases particulares hasta los 14 años de edad. Por aquel entonces se abrió una escuela, y Emma, animada por un excelente profesor de matemáticas, pudo desarrollar su inclinación por dicha disciplina.

Para llevar a cabo sus estudios universitarios decidió viajar a Estados Unidos; en 1924, ingresó en la Universidad de Berkeley. Se matriculó en ingeniería, pero, después de dos años, dejó dichos estudios y se decantó por las matemáticas. Su profesor favorito fue Derrick Norman Lehmer, con quien hizo un proyecto de investigación. Conoció a su hijo, Derrick Henry Lehmer, y en 1928 se casó con él una vez obtenida la licenciatura en matemáticas. De aquel matrimonio nacieron sus dos hijos: Laura (1932) y Donald (1934).

Figura 9

Donald y Laura, los hijos de Derrick Henry Lehmer y Emma

En 1930, obtuvo el grado de maestría en Matemáticas en la Universidad de Brown con el trabajo "A Numerical Function Applied to Cyclotomy".

A lo largo de su vida escribió unos 60 artículos sobre teoría de números, de los cuales unos 20 fueron publicaciones con su marido.

Emma y Derrick Henry Lehmer también calcularon muchos números de Bernoulli, que luego el matemático Harry Vandiver (1882-1973) empleó para una investigación concerniente al "último teorema de Fermat".

Figura 10

De izquierda a derecha: Steven Gaal, Emma Lehmer y Derrick Henry Lehmer (1974)

En relación con este teorema, Emma escribió *On a Resultant Connected with Fermat's Last Theore*m (1935) y, con su esposo, *On the First Case of Fermat's Last Theorem* (1941).

Aunque no ocupó un puesto docente universitario, gozó de muchas de las ventajas que acompañaban a un cargo de dicha categoría. Así, tenía privilegios en las bibliotecas universitarias, podía asistir a los seminarios del Departamento de Matemáticas y acudir, en compañía de Derrick Henry Lehmer, a conferencias y congresos por todo el mundo.

Figura 11

Emma con un modelo matemático (2003)

3. Las 'cribas' de los Lehmer

Las cribas (del inglés *sieves*) de Lehmer eran unas computadoras digitales primitivas diseñadas para encontrar números primos y resolver ecuaciones diofánticas. Recibieron este nombre en honor a Derrick Norman Lehmer y a su hijo Derrick Henry Lehmer.

La primera criba de Lehmer se fabricó en 1926 con 19 cadenas de bicicleta de distintas longitudes y con varillas colocadas en puntos apropiados de las cadenas. A medida que las cadenas giraban, las varillas cerraban pequeños interruptores eléctricos; cuando todos se conectaban al mismo tiempo, completando un circuito, indicaban que se había encontrado una solución.

Se usó para factorizar el número 9.999.000.099.990.001. En dos horas, la máquina obtuvo la factorización

$$(1.676.321) \cdot (5.964.848.081)$$

En 1936, se construyó una versión que utilizaba película de 16 mm con agujeros, sustituyendo las cadenas y varillas de la versión anterior.

Figura 13

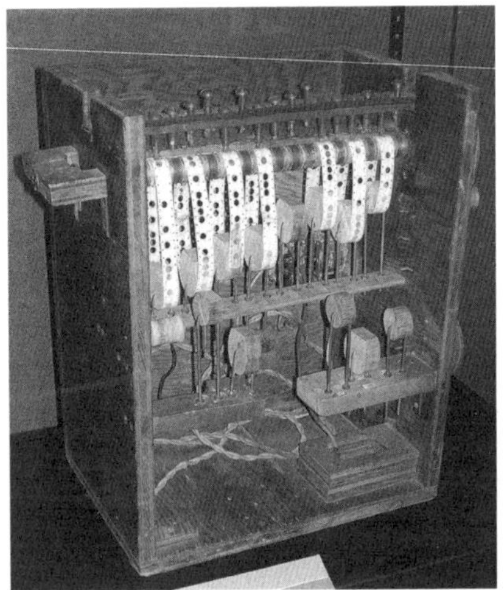

Varias cribas de Lehmer se exhiben en el Computer History Museum (Mountain View, California).

Figura 14

Richard Rubinstein y Derrick Henry Lehmer (1982)

En la introducción de su *List of Prime Numbers from 1 to 10006721* (1914), el matemático estadounidense Derrick Norman Lehmer ofrece un resumen sobre la presencia de los números primos a lo largo de la historia de las matemáticas, incluyendo algunos ejemplos de polinomios de segundo grado que, para ciertos valores de la variable, generan conjuntos de números primos.

Este hecho, que no se contempla en la mayoría de los textos docentes, se puede presentar a los estudiantes de educación secundaria obligatoria en actividades de enseñanza y aprendizaje similares a la que sigue.

Actividad 1. No es posible encontrar una fórmula del tipo

$$AX^n + Bx^{n-1} + Cx^{n-2} + Dx^{n-3} + \ldots$$

que produzca números primos para todos los valores de x. Sin embargo, se pueden determinar algunos polinomios a partir de los que se obtienen colecciones de números primos para un buen número de valores de la x.

1. Con la ayuda de una tabla de números primos, comprueba que el valor numérico del polinomio $x^2 + x + 17$ es un número primo para todos los valores de x comprendidos entre 0 y 15, ambos inclusive.
2. Empleando el mismo procedimiento, comprueba que el valor numérico del polinomio $x^2 + x + 41$ es un número primo para todos los valores de x comprendidos entre 0 y 39, ambos inclusive.

Capítulo 6

La familia Cartan

El francés Élie Joseph Cartan fue el primero de una saga de matemáticos compuesta por su hermana Anna y sus hijos Henri y Hélène. Dedicamos el presente capítulo a esta familia matemática del país vecino.

1. El líder

1.1. Breve biografía

FIGURA 1

Élie Cartan

Fuente: Wikipedia.

En palabras del matemático e historiador Bartel L. van der Waerden: "Élie Cartan (1869-1951) fue uno de los matemáticos más grandes y originales de su tiempo" (1985: 168). En 1894, publicó su famosa tesis *Sur la structure des groupes de transformations finis et continus*, uno de los trabajos matemáticos más importantes jamás producidos, pues introdujo un enfoque sistemático para estudiar los grupos de transformaciones finitos y continuos, sentando las bases de la teoría moderna de los grupos de Lie y de sus aplicaciones a la geometría y a la física.

Élie nació el 9 de abril de 1869 en Dolomieu (Francia). Realizó sus primeros estudios en su pueblo natal y durante cinco años (1880-1885) asistió al Collège de Vienne. Después, estudió dos años (1885-1887) en el Lycée de Genoble y un año en el Janson-de-Sailly Lycée, en París.

En 1888 ingresó en la École Normale Supérieure, donde asistió a las clases de los matemáticos más notables de la época (Henri Poincaré, Charles Hermite y Gaston Darbou, entre otros). Se graduó en 1891, sirvió un año en el ejército y prosiguió sus estudios de doctorado. Tres años después, en 1894, defendió su tesis en la Facultad de Ciencias de la Sorbona[37].

En 1903 se casó con Marie-Louise Bianconi (1880-1950), con la que tuvo cuatro hijos (Henri, Jean, Louis y Hélène). El mismo año fue nombrado profesor de la Universidad de Nancy donde permaneció hasta 1909, año en que se trasladó a la Facultad de Ciencias de París.

Tres años más tarde consiguió la cátedra de Cálculo Diferencial e Integral de la antedicha facultad. En 1919, fue nombrado profesor de mecánica general en la Escuela Central de Artes y Manufacturas de París; en 1920, profesor de mecánica racional y en 1924, de geometría superior. Se retiró en 1940.

37. El tribunal que evaluó la tesis estuvo compuesto por los siguientes profesores de la Facultad de Ciencias: Charles Hermite (1822-1901), presidente y profesor de álgebra superior; Paul Appell (1855-1930), examinador y profesor de mecánica racional, y Émile Picard (1856-1941), examinador y profesor de cálculo diferencial e integral.

A lo largo de su vida, Cartan recibió varias distinciones de algunas instituciones académicas. Así, en 1934 fue investido doctor *honoris causa* por la Universidad de Lieja; en 1936, por la Universidad de Harvard y en 1947, por la Universidad Libre de Berlín, la Universidad de Bucarest y la Universidad Católica de Lovaina. Fue miembro de la Academia Polaca de Ciencias y Letras (1921), de la Academia Noruega de Ciencias (1926), de la Accademia dei Lincei (1927), de la Academia Francesa de Ciencias (1931), de la Sociedad Matemática de Londres (1939), de la Royal Society de Londres (1947), de la Académie Nationale des Quarante (1949) y de la National Academy of Sciences (Estados Unidos, 1949). Élie Joseph Cartan murió en París, el 6 de mayo de 1951.

1.2. La obra matemática de Élie Cartan

De la exhaustiva producción matemática de Élie Cartan hemos seleccionado los siguientes trabajos:

- *Sur certaines expressions différentielles et le problème de Pfaff* (1899).
- *Sur la structure des groupes infinis de transformations* (1904).
- *Les groupes des transformations continus, infinis, simples* (1909).
- *Les systèmes de Pfaff à cinq variables et les équations aux dérivées partielles du second ordre* (1910).
- *La théorie des groupes continus et la géométrie* (1915).
- *Sur les variétés de courbure constante d'un espace euclidien ou non euclidien* (1920).
- *La géométrie des espaces de Riemann* (1925).
- *La théorie des groupes finis et continus et la géométrie différentielle traitées par la méthode du repère mobile* (1937).
- *La géométrie riemannienne et ses généralisations* (1937).
- *Le rôle de la géométrie analytique dans l'évolution de la géométrie* (1937).
- *Les systèmes différentiels extérieurs et leurs applications géométriques* (1945).

Dado que los contenidos de dichos trabajos conciernen a conceptos matemáticos (grupos continuos, álgebras de Lie, ecuaciones diferenciales, etc.) que superan con creces el nivel divulgativo de este libro, nos hemos limitado a citarlos.

2. La hermana

Anna Cartan, hermana de Élie, nació el 15 de mayo de 1878 en Dolomieu (Francia). En 1901, siguiendo el consejo de su hermano, inició sus estudios de matemáticas en la Escuela Normal Superior para mujeres de Sèvres, donde recibió clases de física de Marie Curie.

FIGURA 2
Anna Cartan (esquina superior derecha).
En el centro, sentada, se encuentra
Marie Curie (1867-934)

En 1904, aprobó la oposición que le permitió convertirse en profesora de secundaria e inició su carrera docente en el Liceo de Poitiers (1904-1906). Después, se trasladó a Dijon (1906-1908) y ganó una beca Albert Kahn (Autour du

Monde) que le permitió viajar durante el periodo 1908-1909 y completar su formación.

De vuelta a su país, se reincorporó a su puesto de trabajo en Dijon, ciudad en la que permaneció hasta 1916. De allí pasó a París ejerciendo la docencia en el Liceo Jules Ferry. Finalmente, ocupó una plaza en la Escuela de Aplicación de Sèvres hasta 1920.

Anna escribió varios libros dedicados a la enseñanza de la aritmética y la geometría en secundaria.

Dado que los libros de texto dirigidos al alumnado masculino debían ir firmados por un varón, en los dos últimos aparece el nombre de su hermano Élie. Anna Cartan murió de cáncer en 1923.

3. Los dos hijos

3.1. Henri Cartan

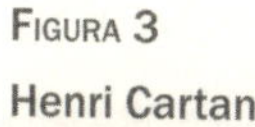

FIGURA 3
Henri Cartan

Fuente: Doctores *honoris causa*, Universidad de Zaragoza.

Henri Paul Cartan, hijo mayor de Élie Cartan y Marie-Louise Bianconi, nació en Nancy (Francia) el 8 de julio de 1904.

A la edad de 5 años su familia se trasladó a París. En la capital francesa realizó sus primeros estudios en el Lycée Buffon y el Lycée Hoche de Versalles. Una vez completada su educación escolar, Henri estudió en la Escuela Normal Superior de París y en la Sorbona. En 1926, obtuvo la agregación y en 1928 leyó su tesis doctoral "Sur les systèmes de fonctions holomorphes à variétés linéaires lacunaires et leurs applications", dirigida por Paul Montel[38]. Dio clases en el Lycée Caen durante el curso 1928-1929 y enseñó en la Universidad de Lille (1929-1931).

En 1930 publicó el artículo "Les transformations analytiques des domaines cerclés les uns dans les autres"[39] y en 1931, con su padre, "Les transformations des domaines cerclés bornés"[40]. El mismo año, en noviembre, aceptó un puesto en la Universidad de Estrasburgo.

El 14 de septiembre de 1935 se casó con Nicole Antoinette Weiss (1916-2008). Unos años más tarde, de 1940 a 1949, ejerció como *maître de conférences* de la Facultad de Ciencias de París. No obstante, durante los cursos 1945-1946 y 1946-1947 estuvo en comisión de servicios en la Universidad de Estrasburgo. Posteriormente, fue profesor en la Facultad de Ciencias de París (1949-1969) y de la Facultad de Ciencias de Orsay (1969-1975). Se jubiló en 1975.

Los trabajos matemáticos de Henri Paul Cartan se dedicaron a las funciones analíticas de una y varias variables complejas, la teoría de haces, la topología algebraica, entre otras áreas[41].

Entre los numerosos reconocimientos a su labor científica, destacamos los siguientes: Medalla de oro del CNR (Centre National de la Recherche Scientifique) en 1976, Premio Wolf de Matemáticas (1980), Comendador de la Legión de Honor (1989). Por otro lado, Henri Paul Cartan fue miembro, entre

38. Paul Antoine Aristide Montel (1876-1975) fue un matemático francés, nacido en Niza, especialista en funciones analíticas complejas.
39. *Comptes Rendus de l'Académie des Sciences*, vol. 190, 1930, pp. 718-720.
40. *Comptes Rendus de l'Académie des Sciences*, vol. 192, 1931, pp. 709-712. Este fue el único trabajo que padre e hijo publicaron juntos.
41. El lector interesado en su producción matemática puede consultar su obra en Cartan (1979).

otras, de la Academia de Ciencias de París, de la Real Academia Danesa de Ciencias (1962), de la Real Academia de Ciencias Exactas, Físicas y Naturales de España (1971), de la Real Academia Sueca de Ciencias (1981) y de la Academia Polaca de Ciencias (1985). Asimismo, de 1967 a 1970 fue presidente de la Unión Matemática Internacional (IMU).

El 26 de marzo de 1984 fue investido doctor *honoris causa* por la Universidad de Zaragoza.

FIGURA 4

Henri Cartan con su padrino, el profesor José Luis Viviente

Fuente: Doctores *honoris causa*, Universidad de Zaragoza.

FIGURA 5

Henri Cartan en el Paraninfo de la Universidad de Zaragoza

Fuente: Doctores *honoris causa*, Universidad de Zaragoza.

Henri Paul Cartan falleció en París el 13 de agosto de 2008, a la edad de 104 años.

3.1.1. Nicolás Bourbaki

Nicolás Bourbaki es el nombre de un grupo de matemáticos entre los que se encontraba Henri Cartan. Veamos cómo se creó dicho grupo y por qué se llamó así.

En 1934, Henri Cartan y André Weil (1906-1998), profesores de la Universidad de Estrasburgo y antiguos alumnos de la Escuela Normal Superior de París, decidieron escribir un nuevo libro de texto de análisis para proponer nuevas y mejores formas de introducir diversos conceptos del cálculo diferencial e integral. Cartan y Weil iban con frecuencia a París, donde además de ampliar su formación solían almorzar en el Café Capoulade con antiguos alumnos de la Escuela Normal Superior.

FIGURA 6

Café Capoulade

En uno de dichos almuerzos, Weil expuso la idea de redactar un nuevo texto de análisis e invitó a sus compañeros (Claude Chevalley, Jean Delsarte, Jean Dieudonné y René de Possel) a que colaborasen en dicho proyecto. Se convocó una reunión para el 10 de diciembre de 1934 en la que se deberían tomar posturas al respecto. De este modo se creó el primer "grupo de trabajo" al que se llamó Comité para el Tratado de Análisis, integrado por Cartan, Weil y los cuatro colegas mencionados. Dicho comité se comprometió a fijar los contenidos del libro para el verano de 1935 y a limitar a nueve el número de sus miembros (los seis que se acaban de citar más Paul Dubreil, Jean Leray y Szolem Mandelbrot). Dubreil y Leray se desvincularon pronto del grupo y fueron sustituidos por Charles Ehresmann y Jean Coulomb.

FIGURA 7
Henri Cartan
(1904-2008)

FIGURA 8
André Weil
(1906-1998)

FIGURA 9
Claude Chevalley
(1909-1984)

FIGURA 10
Jean Delsarte
(1903-1968)

FIGURA 11
Jean Dieudonné
(1906-1992)

FIGURA 12
René de Possel
(1905-1974)

FIGURA 13
Szolem Mandelbrot
(1899-1983)

FIGURA 14
Charles Ehresmann
(1905-1979)

FIGURA 15
Jean Coulomb
(1904-1999)

El grupo decidió que firmaría sus trabajos con el pseudónimo Nicolás Bourbaki como homenaje al general francés Charles Denis Sauter Bourbaki (1816-897).

Figura 16

Charles Denis Sauter Bourbaki

Fuente: Wikipedia.

La razón por la que el grupo eligió este nombre se remonta a la época en que André Weil era estudiante de primer año en la École Normale Supérieure y se anunció una conferencia de un profesor llamado Holmgren. El ilustre conferenciante no era otro que Raoul Husson, estudiante de los últimos cursos de la École Normale Supérieure. Caracterizado con una gran barba postiza y hablando con un acento extraño, expuso una colección de teoremas erróneos cuyos nombres hacían alusión a diversos generales franceses. El colofón a este catálogo de dislates fue el teorema de Bourbaki (nombre tomado del apellido del general Charles Denis Sauter Bourbaki, cuyas tropas fueron derrotadas en 1871 durante la guerra franco-prusiana). El antimilitarismo imperante en la Escuela Normal en aquellos tiempos pudo ser la causa de que Husson atribuyese el teorema a un general francés cuyo ejército había sido derrotado de forma humillante.

Esta historieta cautivó tanto a los integrantes del grupo que decidieron apellidarlo Bourbaki. El nombre de pila, Nicolás, fue elegido por Eveline de Possel, esposa de René.

Nicolás Bourbaki, con nuevas incorporaciones y abandonos, desarrolló su actividad investigadora publicando los *Éléments de mathématique*, tratado de carácter enciclopédico cuya influencia en el desarrollo de las matemáticas fue incuestionable.

3.2. Hélène Cartan

Figura 17

Hélène Cartan

Hélène Cartan, la hija menor de Élie Cartan, nació el 12 de octubre de 1917 en Le Chesnay (Francia). En 1937 ingresó en la Escuela Normal Superior y tres años más tarde se convirtió en profesora de secundaria. Simultaneó su actividad docente con la investigación matemática. En 1942 publicó la nota "Sur une caractérisation topologique de la circonférence"[42] que fue

42. *Comptes rendus hebdomadaires des séances de l'Académie des Sciences*, nº 214, pp. 23-25.

presentada a la Academia de Ciencias por su padre. Sin embargo, una tuberculosis miliar le impidió continuar con su labor docente e investigadora. Tras una larga estancia en diversos sanatorios, acabó con su vida el 7 de junio de 1952. Su cuerpo se encontró en el río Isère, afluente del Ródano.

Capítulo 7

George David y Garrett Birkhoff: una relación matemática paternofilial

Dedicamos este séptimo capítulo a una nueva "pareja" padre-hijo consagrada a la enseñanza y a la investigación matemática. Nos estamos refiriendo a los matemáticos norteamericanos George David y Garrett Birkhoff.

1. George David Birkhoff

FIGURA 1
George David Birkhoff

Fuente: Wikipedia.

George David Birkhoff fue un matemático estadounidense considerado, por muchos, como el matemático norteamericano más notable de su época. Su obra abarcó diversos campos

—ecuaciones diferenciales, dinámica de sistemas, geometría, mecánica estadística—, pero su logro más destacado fue la formulación en 1931-1932 de lo que hoy se conoce como el teorema ergódico.

FIGURA 2

Conferencia matemática en la Universidad de Szeged (Hungría)
George D. Birkhoff es el segundo (de izquierda a derecha)
de la segunda fila

A grandes rasgos, su biografía científica se puede resumir como sigue:

1884. Nació el 24 de marzo en Overisel (Michigan).
1896-1902. Estudió en el Instituto Lewis de Chicago.
1902. Ingresó en la Universidad de Chicago.
1903-1905. Estudió en la Universidad de Harvard.
1905. Regresó a la Universidad de Chicago para estudiar su doctorado.
1907. Leyó su tesis doctoral: "Asymptotic Properties of Certain Ordinary Differential Equations with Applications to Boundary Value and Expansion Problems".

1907-1909. Dio clases en la Universidad de Wisconsin y en 1908 se casó con Margaret Elizabeth Grafius. De este matrimonio nacieron tres hijos: Barbara, Garrett y Rodney.

1911. Ejerció la docencia en Princenton.

1912. Se trasladó a Harvard como profesor asistente.

1913. Publicó el artículo "Proof of Poincaré's Geometric Theorem"[43].

1917. Publicó el trabajo "Dynamical Systems with Two Degrees of Fredom"[44].

1919. Fue nombrado profesor titular en Harvard, donde permaneció el resto de su vida. Este año fue vicepresidente de la American Mathematical Society (AMS).

1923. Con Rudolph Ernest Langer[45] publicó *Relativity and Modern Physics.*

1925-1926. Fue presidente de la American Mathematical Society (AMS).

1938. Publicó "Electricity as a Fluid", donde expuso sus ideas filosóficas sobre la ciencia.

1933. Publicó *Aesthetic Measure.* En esta obra desarrolló una teoría matemática de la estética que aplicó al arte, la música y la poesía[46].

1941. En colaboración con Ralph Beatley[47], publicó *Basic Geometry.*

1944. Murió el 12 de noviembre en Cambridge (Estados Unidos).

43. *Transactions of the American Mathematical Society*, vol. 14, nº 1, pp. 14-22.
44. *Transactions of the American Mathematical Society*, vol. 18, nº 2, pp. 199-300.
45. Rudolph Ernest Langer (1894-1968) fue un matemático norteamericano, presidente de la AMS.
46. Véase el apartado siguiente "Medida estética de polígonos".
47. Ralph Beatley (1892-1989) fue profesor del Departamento de Matemáticas en la Universidad de Harvard desde 1922 a1959.

Figura 3

Casa de George D. Birkhoff en Cambridge (Massachusetts) considerada como edificio histórico

Fuente: Wikipedia.

1.1. Medida estética de polígonos

En el libro *Aesthetic Measure*, Birkhoff define la *medida estética* M de un objeto artístico como la razón entre su orden (O) y su complejidad (C)[48] o, de forma más general, como una función de esta razón. Las definiciones específicas de O y C dependen del tipo de objeto analizado.

En el caso de los polígonos (capítulo II, pp. 16-48) M, se define del modo siguiente:

$$M = \frac{O}{C} = \frac{V + E + R + HV - F}{C}$$

siendo V la simetría vertical, E el equilibrio, R la simetría rotacional, HV la red horizontal-vertical y F la forma no satisfactoria. En el cálculo no se incluyen los lados paralelos ni la simetría horizontal.

48. C es el número de líneas rectas distintas que contienen al menos un lado del polígono.

George D. Birkhoff asigna a los elementos precedentes los valores numéricos que se detallan en la siguiente tabla:

Tabla 1

ELEMENTO	VALOR NUMÉRICO
V	0, 1
E	-1, 0, 1
R	0, 1, *q*/2*, 3
HV	0, 1, 2
F	0, 1, 2

* *q* es el número de giros que dejan al polinomio en su posición inicial.
Fuente: Elaboración propia.

El matemático norteamericano justifica esta asignación numérica y ofrece el valor de *M* para una colección de noventa polígonos.

Figura 4

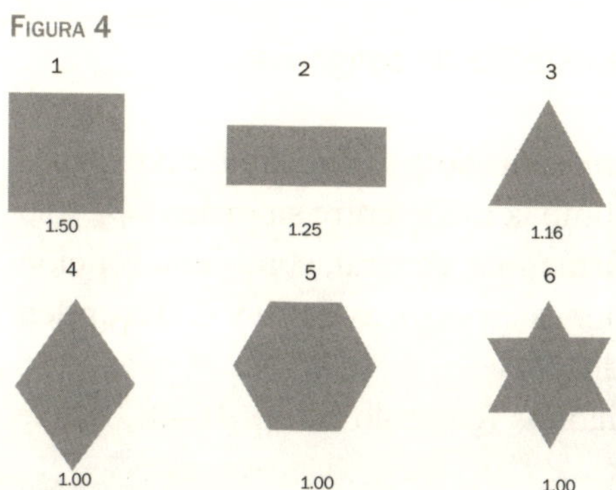

Fuente: Adaptado de *Aesthetic Measure*.

Figura 5

Donald H. Menzel49, Albert Einstein y George David Birkhoff en Harvard (21-06-1935)

Fuente: Leo Baeck Institute.

2. Garrett Birkhoff

Figura 6

Garrett Birkhoff (1911-1996)

Garrett Birkhoff, hijo de George D. Birkhoff, fue un matemático y profesor universitario norteamericano muy conocido por

49. Donal Howard Menzel (1901-1976) fue uno de los primeros astrónomos y astrofísicos de Estados Unidos.

el libro *A Survey of Modern Algebra*, que escribió con Saunders MacLane (1909-2005).

Figura 7

Saunders MacLane

Su biografía científica se puede resumir como sigue:

1911. Nació el 19 de enero en Princeton (Nueva Jersey). Hasta los ocho años de edad fue educado en su casa.
1919-1922. Asistió a la escuela pública.
1923. Se matriculó en la escuela privada Browne & Nichols.
1929. Ingresó en la Universidad de Harvard.
1932. Se graduó en Harvard y obtuvo una beca para realizar estudios en la Universidad de Cambridge (Inglaterra).
1933-1936. De regreso a Estados Unidos fue miembro de la Sociedad de Becarios de Harvard. En dicha universidad enseñó hasta el final de su carrera.
1936. Publicó, con Philip Hall, el artículo "On the order of groups of automorphims".
1940. Publicó *Lattice Theory* (Teoría de Retículos).
1941. Junto a Saunders Mac Lane, publicó el texto *A Survey of Modern Algebra*.

El siguiente fragmento pertenece al prólogo de la primera edición norteamericana del libro:

La característica más llamativa del álgebra moderna es la deducción de las propiedades teóricas de sistemas formales tales como grupos, anillos, campos y espacios vectoriales. Al escribir el presente texto nos hemos esforzado por exponer este enfoque formal o "abstracto", pero nos hemos guiado por una interpretación mucho más amplia del significado del álgebra moderna.

Gran parte de este significado, nos parece, radica en el atractivo imaginativo del tema. En consecuencia, hemos tratado de expresar los antecedentes conceptuales de las diversas definiciones utilizadas. Hemos hecho esto ilustrando cada nuevo término con tantos ejemplos familiares como sea posible. Esto parece especialmente importante en un texto elemental, porque sirve para enfatizar el hecho de que todos los conceptos abstractos surgen del análisis de situaciones concretas. Para desarrollar la capacidad del estudiante para pensar por sí mismo en términos de los nuevos conceptos, hemos incluido una amplia variedad de ejercicios sobre cada tema. Algunos de estos ejercicios son computacionales, algunos exploran más ejemplos de los nuevos conceptos y otros dan desarrollos teóricos adicionales. Los ejercicios de este último tipo cumplen la importante función de familiarizar al estudiante con la construcción de una prueba formal. La selección de ejercicios es suficiente para permitir a un instructor adaptar el texto a estudiantes de grados de madurez bastante variados, de nivel de pregrado o primer año de posgrado. El álgebra moderna también permite reinterpretar los resultados del álgebra clásica, dándoles una unidad y generalidad mucho mayores. Por lo tanto, en lugar de omitir estos resultados, hemos intentado incorporarlos sistemáticamente en el marco de las ideas del álgebra moderna. También hemos tratado de no perder de vista el hecho de que, para muchos estudiantes, el valor del álgebra radica en sus aplicaciones a otros cuerpos: análisis superior, geometría, física y filosofía. Esto nos ha influido en nuestro énfasis en los cuerpos reales y complejos, en los grupos de transformaciones en contraste con los grupos abstractos, en las matrices simétricas y la reducción a la forma diagonal, en la clasificación de las formas cuadráticas bajo los grupos ortogonal y euclidiano, y finalmente, en la inclusión del álgebra de Boole, la teoría de retículos y los números transfinitos, todos los cuales son importantes en la lógica matemática y en la teoría moderna de las funciones reales.

1969. Fue nombrado profesor George Putnam de Matemáticas Puras y Aplicadas de Harvard. Ocupó dicho cargo hasta 1981, año en que se jubiló.

1970. Con Thomas C. Bartee (1926-2018), pionero del cálculo digital, publicó otro libro importante, *Modern Applied Algebra*, en el que se ofrecen aplicaciones del álgebra a la teoría de codificación.

1978. Recibió el premio George D. Birkhoff[50].

1996. Murió el 22 de noviembre en Water Mill (Condado de Suffolk, Estados Unidos).

Garrett Birkhoff se interesó en diversos campos de las matemáticas tanto puras como aplicadas y se le recuerda por sus investigaciones en el campo de la teoría de retículos.

Durante la Segunda Guerra Mundial asesoró a diversos laboratorios militares y posteriormente a varias empresas norteamericanas como Westinghouse y General Motors.

50. El Premio Birkhoff se otorga por una contribución sobresaliente a las matemáticas aplicadas. Fue establecido en 1967, en honor al profesor George David Birkhoff, con una dotación inicial aportada por la familia Birkhoff. La American Mathematical Society (AMS) y la Society for Industrial and Applied Mathematics (SIAM) otorgan el premio conjuntamente.

Actividad 1. En el primer apartado de este capítulo hemos prestado un poco de atención a la *medida estética* aplicada al caso de los polígonos.

Inspirándonos en ella hemos diseñado la siguiente actividad de enseñanza y aprendizaje dirigida al alumnado de enseñanza secundaria obligatoria.

Para medir la belleza de las figuras geométricas se pueden utilizar criterios muy diversos. Uno de ellos consiste en tener en cuenta el número de sus ejes de simetría. Así, diremos que de dos polígonos es más bello el que tiene más ejes de simetría.

Atendiendo a este criterio, ordena, según su "belleza", los polígonos siguientes:

Rectángulo

Cuadrado

Triángulo equilátero

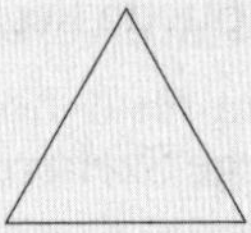

Triángulo isósceles

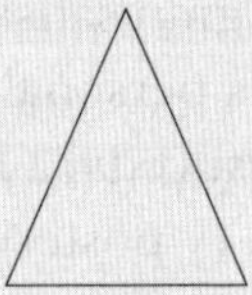

Triángulo rectángulo escaleno

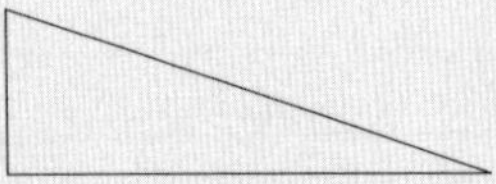

Pentágono regular

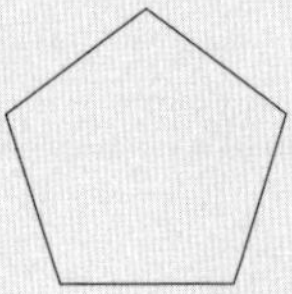

Capítulo 8

George Szekeres y Esther Klein: un matrimonio 'problemático'

El planteamiento y resolución de problemas matemáticos, además de producir una gran satisfacción intelectual, puede llegar a establecer relaciones personales imprevisibles.

Esto es lo que les sucedió a Esther Klein y George Szekeres, cuyo enamoramiento (y posterior matrimonio) surgió durante la resolución de un problema de geometría combinatoria.

FIGURA 1

Un matrimonio feliz

1. Esther y George. Apunte biográfico a modo de introducción

Figura 2

Esther Klein (de casada, Szekeres)

Eszter (Esther) Klein nació en Budapest, en el seno de una familia judía, el 20 de febrero de 1910 y murió en Adelaida (Australia) el 28 de agosto de 2005.

En su época universitaria, siendo estudiante de Físicas en la Universidad de Budapest, formó parte de un grupo de resolutores de problemas de matemáticas del que también formaban parte, entre otros, George Szekeres y Paul Erdös (1913-1996).

Figura 3

Esther (1927), George (1928) y Paul

El grupo solía reunirse cerca de la estatua *Anonymus*[51] en un parque de Budapest. Era la primavera de 1929.

FIGURA 4

Anonymus (1903)

En 1933, Esther propuso a los miembros del grupo un problema de Geometría Combinatoria conocido como *problema del final feliz* (*the happy end problem*), dado que condujo a la boda de Esther y George el día 13 de junio de 1937. De este problema hablaremos posteriormente.

51. Obra del artista Miklós Ligeti ubicada en el Parque del Castillo de Vajdahunyard.

Figura 5
George Szekeres

György (George) Szekeres nació en Budapest, en el seno de una familia judía, el 29 de mayo de 1911 y falleció en Adelaida el 28 de agosto de 2005[52].

Influido por el negocio familiar de cuero, estudió Ingeniería Química en la Universidad Tecnológica de Budapest, donde se graduó en 1933. No obstante, estuvo profundamente interesado en la resolución de problemas matemáticos, tal como hemos dicho al hablar de Esther Klein.

Trabajó hasta 1939 como químico analítico en Budapest, pero debido a la persecución de los judíos por los nazis aceptó un trabajo en una fábrica de cuero de Shanghái (China). Allí nació Peter, el primer hijo de Esther y George.

En junio de 1948, la familia Szekeres se trasladó a Adelaida (Australia) donde permaneció durante 15 años. En este tiempo, George fue profesor universitario de matemáticas. En 1954 nació Judith, la segunda hija del matrimonio.

Desde 1964 a 1976, George ejerció como profesor de matemáticas de la Universidad de Gales del Sur. A los sesenta y cinco años se jubiló y fue nombrado profesor emérito de la misma institución.

52. Esther y George fallecieron el mismo día con una hora de diferencia.

George Szekeres fue miembro de la Academia Australiana de Ciencias (1963) y de la Academia Húngara de Ciencias. Fue miembro fundador de la Sociedad Matemática Australiana (1956).

2. El 'problema del final feliz'

En 1933, Esther Klein propuso el siguiente problema: "Dados cinco puntos de un plano, de los cuales no hay tres alineados, siempre se pueden seleccionar cuatro que sean los vértices de un cuadrilátero convexo"[53].

Antes de ofrecer la solución de dicho problema, conviene introducir el concepto de *envolvente convexa* de un conjunto de puntos.

Lo hacemos de forma intuitiva.

FIGURA 6 FIGURA 7

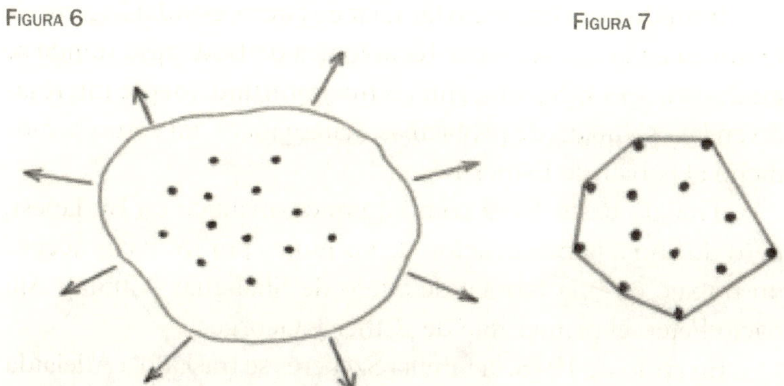

La figura 6 representa un conjunto de 13 puntos (= clavos) rodeado por una goma elástica estirada. Por otro lado, la figura 7 representa la misma distribución puntual envuelta por un heptágono formado por la goma completamente tensa y cuyos vértices son siete de los 13 puntos. Dicho polígono se llama *envolvente convexa* del conjunto de puntos.

53. Se dice que un polígono es *convexo* cuando ninguno de sus ángulos interiores tiene una amplitud mayor de 180°.

Atendiendo a dicha “definición”, el problema de Esther Klein admite los tres casos siguientes:

1. La envolvente convexa del conjunto de los cinco puntos dados es un cuadrilátero convexo cuyos vértices son cuatro de ellos y el quinto es interior. En esta situación, el problema está resuelto.

FIGURA 8

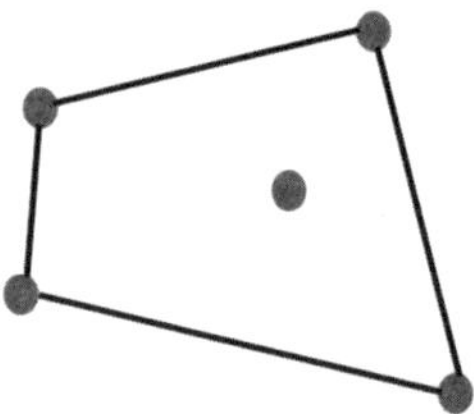

2. La envolvente convexa de los cinco puntos dados es un pentágono cuyos vértices son los cinco puntos dados. En esta situación, con cuatro de dichos vértices se puede formar un cuadrilátero convexo.

FIGURA 9

3. La envolvente convexa de los cinco puntos dados es un triángulo cuyos vértices son tres de ellos y los otros dos son interiores.

Figura 10

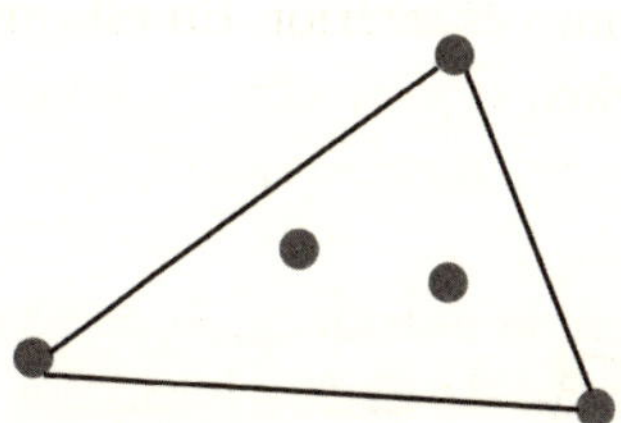

En este caso, los dos puntos interiores determinan una recta. Además, dos de los vértices del triángulo están en uno de los dos semiplanos que determina dicha línea. Entonces, resulta claro que dichos vértices determinan un cuadrilátero convexo con los dos puntos interiores.

Figura 11

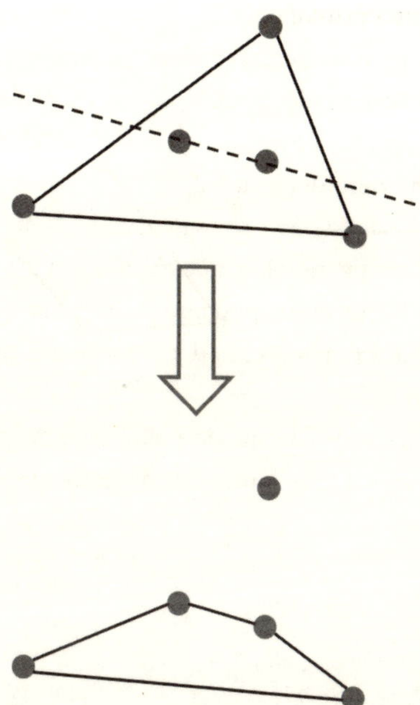

Esther Klein también propuso el problema siguiente, mucho más general: "Dado un número n, ¿es posible encontrar un número $N(n)$ tal que a partir de cualquier conjunto que contenga al menos N puntos se puedan seleccionar n de ellos que sean los vértices de un polígono convexo?".

En 1935, George Szekeres y Paul Erdös publicaron el artículo "A combinatorial problem in geometry"[54], en el que demostraron que $N(n)$ existe y conjeturaron que $N_0(n) = 2^{n-2} + 1$, siendo $N_0(n)$ el menor valor de N.

En las páginas 463-464 de la introducción de su artículo, refiriéndose al problema general de Esther Klein, los autores comentan:

Hay dos preguntas particulares: (1) ¿existe el número N correspondiente a n? (2) Si es así, ¿cómo se determina el menor $N(n)$ en función de n? (Designaremos por $N_0(n)$ el menor N).

Ofrecemos dos demostraciones de que la primera cuestión debe responderse afirmativamente. Ambas darán valores definitivos para $N(n)$ y la primera se puede generalizar a cualquier número de dimensiones. Así obtenemos una cierta respuesta preliminar a la segunda pregunta. Pero la respuesta no es definitiva, ya que, de esta forma, generalmente obtenemos un número N que es demasiado grande. El Sr. E. Makay probó que $N_0(5) = 9$. En nuestra segunda demostración, hemos obtenido que $N(5) = 21$ (en la primera, un número del orden $2^{10.000}$).

En consecuencia, nuestra estimación se encuentra bastante lejos del verdadero límite $N_0(n)$. Es notable que $N(3) = 3 = 2 + 1$, $N_0(4) = 5 = 2^2 + 1$, $N_0(5) = 9 = 2^3 + 1$. Por tanto, podemos conjeturar que $N_0(n) = 2^{n-2} + 1$, pero los límites dados por nuestras demostraciones son mucho mayores.

Sería deseable ampliar la definición habitual de polígono convexo para incluir aquellos casos en que tres o más puntos consecutivos están alineados.

54. *Compositio Mathematica*, tomo 2, pp. 463-470.

25 años más tarde, en 1960, Erdös y Szekeres publicaron el artículo "On some extremum problems in elementary geometry"[55], en cuya página 53 leemos:

Sea S un conjunto de puntos en el plano y $N(S)$, el número de puntos en S. Hace más de 25 años demostramos la siguiente conjetura de ESTHER KLEIN-SZEKERES:

Existe un entero positivo $f(n)$ con la propiedad de que si $N(S) > f(n)$ entonces S contiene un subconjunto P con $N(P) = n$ tal que los puntos de P forman un n-ágono convexo.

Además, demostramos que si $f_0(n)$ es el menor entero, entonces

$$f_0(n) \leq \binom{2n-4}{n-2}$$

y conjeturamos que $f_0(n) = 2^{n-2}$ para todo $n \geq 3$. Hemos sido incapaces de probar o refutar esta conjetura, pero en §2 construiremos un conjunto de2^{n-2} puntos que no contiene ningún n-ágono convexo. Entonces:

$$2^{n-2} \leq f_0(n) \leq \binom{2n-4}{n-2}$$

Hasta aquí parte de la "historia" de un problema, todavía abierto, que contribuyó al casamiento de Esther Klein y George Szekeres. Por este motivo, su compañero Paul Erdös lo bautizó como el *problema del final feliz*.

El problema específico propuesto por Esther Klein en 1933, concerniente a cinco puntos de un plano, se puede proponer a los alumnos de enseñanza secundaria obligatoria en una actividad de enseñanza y aprendizaje parecida a la siguiente.

55. *Annales Universitatis Scientiarium Budapestinensis de Rolando Eötvös Nominatae Sectio Mathematica*, nº 3-4, pp. 53-62.

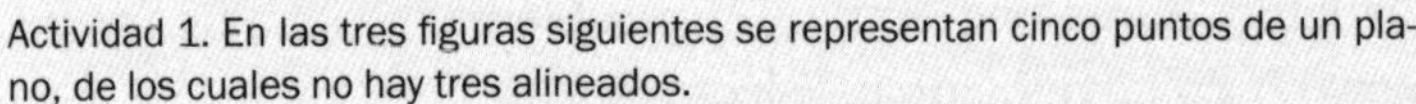
Actividad 1. En las tres figuras siguientes se representan cinco puntos de un plano, de los cuales no hay tres alineados.

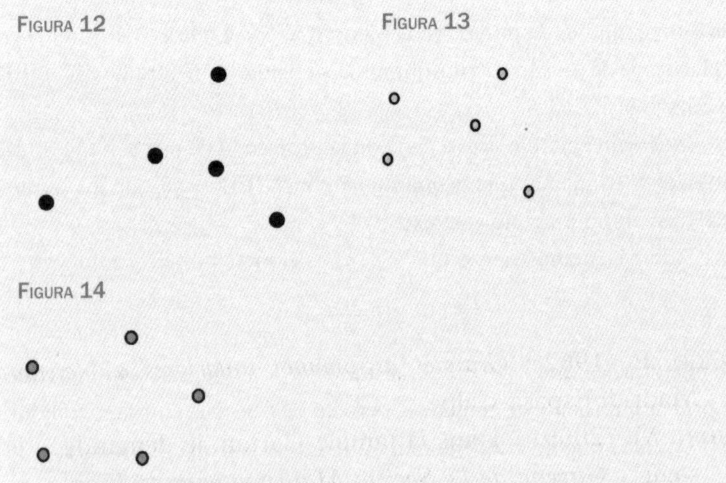

1. ¿Hay alguna forma distinta de las anteriores para dibujar cinco puntos en un plano de modo que no haya tres que estén alineados?
2. Apoyándote en las figuras anteriores demuestra la proposición siguiente: "Dados cinco puntos de un plano, de los cuales no hay tres alineados, siempre se pueden seleccionar cuatro que sean los vértices de un cuadrilátero convexo".

Nota: Se dice que un polígono es *convexo* cuando las amplitudes de todos sus ángulos interiores son menores de 180°.

Bibliografía

Arago, F. (1962): *Grandes astrónomos anteriores a Newton*, Madrid, Espasa-Calpe.

Audin, M. (2009): "Dans la famille Cartan, je demande... la sœur", *Gazette de la Société Mathématique de France*, nº 122, pp. 45-51.

Birkhoff, G. D. (1933): *Aesthetic Measure*, Cambridge, Harvard University Press.

Bombal, F. (2011): "Nicolás Bourbaki: El matemático que nunca existió", *Revista de la Real Academia de Ciencias Exactas, Físicas y Naturales de España*, vol. 105, nº 1, pp. 77-98.

Boyer, C. B. (1986): *Historia de la matemática*, Madrid, Alianza.

Cajori, F. (1980): *A history of Mathematics*, Nueva York, Chelsea Publishing Company.

— (1993): *A history of mathematical notations*, Nueva York, Dover.

Cartan, H. (1942): "Sur une caractérisation topologique de la circonférence", *Comptes rendus hebdomadaires des séances de l'Académie des Sciences*, nº 214, pp. 23-25.

— (1979): *Œuvres Collected Works*, 3 vols., Berlín, Springer-Verlag.

Cassini, J. (1723): *Traité de la grandeur et de la figure de la Terre*, Ámsterdam, Chez Pierre de Coup.

Cassini, J. (1740): *Éléments d'astronomie*, París, Imprimerie Royale.

Choquet, G. (1971): *Topología*, Barcelona, Toray-Masson.

Douchová, V. (2025): "Birkhoff's Aesthetic Measure", *Acta Universitatis Carolinae Philosophica et Historica*, vol. 1, nº 1, pp. 39-53.

Erdös, P. y Szekeres, G. (1935): "A Combinatorial Problem in Geometry", *Compositio Mathematica*, vol. 2, pp. 463-470.

— (1960): "On some Extremum Problems in Elementary Geometry", *Annales Universitatis Scientiarium Budapestinensis de Rolando Eötvös Nominatae Sectio Mathematica*, nº 3-4, pp. 53-62.

Eves, H. (1983): *An Introduction to the History of Mathematics*, 5ª ed., Nueva York, Saunders College Publishing.

Figuier, L. (1866): *Vies des savants de l'antiquité*, París, Librairie Internationale.

Gillispie, C. C. (ed.) (1970-1990): *Dictionary of Scientific Biography*, Nueva York, Charles Scribner's Sons.

Grant, H. (1852): *Elements of Practical Geometry, for Schools and Workmen*, Londres, Groombridge and Sons.

Halma, N. (1821): *Commentaire de Théon d'Alexandrie, sur le premier livre de la Composition Mathématique de Ptolomée, traduit pour la premiere fois du grec en français sur les manuscrits de la Biblioteque du roy*, París, Merlin.

Harriot, T. (1631): *Ad aequationes Algebraicas nouâ, expeditâ, & generali methodo, resoluendas*, Londres (Londini), Apud Robertvm Barker, Typographum.

Lehmer, D. N. (1914): *List of Prime Numbers from 1 to 10.006.721*, Washington, D. C., Carnegie Institution of Washington.

— (1918): "On the History of the Problem of Separating a Number into its Prime Factors", *The Scientific Monthly*, vol. 7, nº 3, pp. 227-234.

Lehmer, E. (1935): "On a Resultant Connected with Fermat's Last Theorem", *Bulletin of the American Mathematical Society*, vol. 41, nº 12, pp. 864-867.

Lehmer, D. H. (1941): *Guide to Tables in the Theory of Numbers*, Washington, D. C., National Research Council, National Academy of Sciences.

Loria, G. (1982): *Storia delle Matematiche dall'alba della civiltà al tramonto del secolo XIX*, Milán, Instituto Editoriale Cisalpino-Goliardica.

Macho Stadler, M. (2020): "Esther Szekeres y el problema del final feliz", *SUMA. Revista sobre la enseñanza y el aprendizaje de las matemáticas*, nº 94, pp. 31-36.

— (2020): "Anna y Hélène, las matemáticas de la familia Cartan", *SUMA. Revista sobre la enseñanza y el aprendizaje de las matemáticas*, nº 95, pp. 61-65.

Meavilla Seguí, V. y Oller Marcén, A. (2016): "Suma de los ángulos interiores de un triángulo. Historia y didáctica", *Educaçao Matemática Pesquisa*, vol. 18, nº 1, pp. 95-110.

Ribnikov, K. (1991): *Historia de las matemáticas*, Moscú, Mir.

Rouse Ball, W. W. (1960): *A Short Account of the History of Mathematics*, Nueva York, Dover.

Rubinstein, R. (1983): "D. H. Lehmer's Number Sieves", *The Computer Museun Report*, primavera, pp. 3-4.

Smith, D. E. (1958): *History of Mathematics*, vol. I, Nueva York, Dover.

Vera, F. (1970): *Científicos griegos*, Madrid, Aguilar.

Viviente Mateu. J. L. (2008): "Henry Cartan: *in memoriam* de un maestro ejemplar", *Matematicalia: revista digital de divulgación matemática de la Real Sociedad Matemática Española*, vol. 4, nº 4.

Waerden, B. L. van der (1985): *A History of Algebra. From al-Khwarizmi to Emmy Noether*, Berlín, Springer.

Wussing, H. y Arnold, W. (1989): *Biografías de grandes matemáticos*, Zaragoza, Prensas Universitarias de Zaragoza.

Young, G. C. y Young, W. H. (1905): *The First Book of Geometry*, Londres, J. M. Dent & Co.

Referencias en línea

Blog *Matemáticas y sus fronteras*, https://lc.cx/kPQ5RR.

"De cómo proponer un problema cambió totalmente la vida de Esther Klein", www.gaussianos.com.

"El problema del final feliz", https://lc.cx/uTGm-7.

"Esther Szekeres y Marta Svéd, unidas por las matemáticas y una larga amistad", https://lc.cx/ztF0sE.

Lehmer Prime Number Tables, https://lc.cx/JRnwTo.

CHM (Computer History Museum), https://lc.cx/jnZjbl.

Garrett Birkhoff, https://lc.cx/EcXAnI.

George David Birkhoff, https://lc.cx/V7Ijmw.

Henri Cartan, https://lc.cx/HUksoi.

Hipatia, Vidas Científicas, https://lc.cx/UO2zNz.

Jean-Dominique, conde de Cassini, https://lc.cx/y5SD7f.

MacTutor History of Mathematics archive, https://lc.cx/rmeAfT.

The First Book of Geometry, https://lc.cx/kbkUWZ.

Federación Española de Sociedades de Profesores de Matemáticas (FESPM)

Se constituyó en Sevilla en el año 1988 con la vocación de aunar los esfuerzos de cuantos trabajan por mejorar la educación matemática y a ella pueden adherirse todas aquellas asociaciones de profesores de Matemáticas que compartan los fines de esta Federación. Desde su creación y hasta la fecha, la FESPM ha seguido un proceso continuo de crecimiento, hasta llegar a estar formada en la actualidad por 20 sociedades.

La FESPM forma parte de la Federación Europea de Asociaciones de Profesores de Matemáticas (FEAPM) y de la Federación Iberoamericana de Sociedades de Educación Matemática (FISEM).